普通高等教育土木工程学科精品规划教材（学科基础课适用）

# 结构力学
## STRUCTURAL MECHANICS

## （下册）

毕继红　王　晖　编著

天津大学出版社
TIANJIN UNIVERSITY PRESS

## 内 容 提 要

本书是"普通高等教育土木工程学科精品规划教材"之一,按照全国高等学校土木工程学科专业指导委员会编制的《高等学校土木工程本科指导性专业规范》中所规定的内容编写而成。

本书分上、下两册,共十二章。上册包括绪论,平面体系的几何组成分析,静定梁、静定平面刚架和三铰拱的受力分析,静定平面桁架和静定组合结构的受力分析,静定结构的位移计算,力法,位移法,力矩分配法,共八章。下册包括影响线的做法及应用,结构的动力计算,梁和刚架的极限荷载,结构的稳定计算,共四章。

本书可作为土木工程、水利等专业本科生"结构力学"课程的教材,也可供土建、水利工程技术人员参考。

**图书在版编目(CIP)数据**

结构力学. 下册/毕继红,王晖编著. 一天津:
天津大学出版社,2016. 1(2024. 10 重印)
普通高等教育土木工程学科精品规划教材:学科基
础课适用
ISBN 978-7-5618-5507-2

Ⅰ. ①结…　Ⅱ. ①毕…②王…　Ⅲ. ①结构力学 – 高
等学校 – 教材　Ⅳ. ①O342

中国版本图书馆 CIP 数据核字(2015)第 321333 号

JIEGOU LIXUE. XIACE

| | | |
|---|---|---|
| 出版发行 | 天津大学出版社 | |
| 地　　址 | 天津市卫津路 92 号天津大学内(邮编:300072) | |
| 电　　话 | 发行部:022-27403647 | |
| 网　　址 | www. tjupress. com. cn | |
| 印　　刷 | 北京虎彩文化传播有限公司 | |
| 经　　销 | 全国各地新华书店 | |
| 开　　本 | 185mm×260mm | |
| 印　　张 | 11 | |
| 字　　数 | 275 千 | |
| 版　　次 | 2016 年 2 月第 1 版 | |
| 印　　次 | 2024 年 10 月第 2 次 | |
| 定　　价 | 30. 00 元 | |

# 普通高等教育土木工程学科精品规划教材

# 编审委员会

# 普通高等教育土木工程学科精品规划教材

# 编写委员会

主　任：姜忻良

委　员：（按姓氏音序排列）

毕继红　陈志华　丁红岩　丁　阳　谷　岩　韩　明

韩庆华　韩　旭　亢景付　雷华阳　李砚波　李志国

李忠献　梁建文　刘　畅　刘　杰　陆培毅　田　力

王成博　王成华　王　晖　王铁成　王秀芬　谢　剑

熊春宝　闫凤英　阎春霞　杨建江　尹　越　远　方

张彩虹　张晋元　郑　刚　朱　涵　朱劲松

# 总序

随着我国高等教育的发展,全国土木工程教育状况有了很大的发展和变化,教学规模不断扩大,对适应社会的多样化人才的需求越来越紧迫。因此,必须按照新的形势在教育思想、教学观念、教学内容、教学计划、教学方法及教学手段等方面进行一系列的改革,而按照改革的要求编写新的教材就显得十分必要。

高等学校土木工程学科专业指导委员会编制了《高等学校土木工程本科指导性专业规范》(以下简称《规范》),《规范》对规范性和多样性、拓宽专业口径、核心知识等提出了明确的要求。本丛书编写委员会根据当前土木工程教育的形势和《规范》的要求,结合天津大学土木工程学科已有的办学经验和特色,对土木工程本科生教材建设进行了研讨,并组织编写了"普通高等教育土木工程学科精品规划教材"。为保证教材的编写质量,我们组织成立了教材编审委员会,在全国范围内聘请了一批学术造诣深的专家作教材主审,同时成立了教材编写委员会,组成了系列教材编写团队,由长期给本科生授课的具有丰富教学经验和工程实践经验的老师完成教材的编写工作。在此基础上,统一编写思路,力求做到内容连续、完整、新颖,避免内容重复交叉和真空缺失。

"普通高等教育土木工程学科精品规划教材"将陆续出版。我们相信,本系列教材的出版将对我国土木工程学科本科生教育的发展与教学质量的提高以及土木工程人才的培养产生积极的作用,为我国的教育事业和经济建设作出贡献。

丛书编写委员会

# 土木工程学科本科生教育课程体系

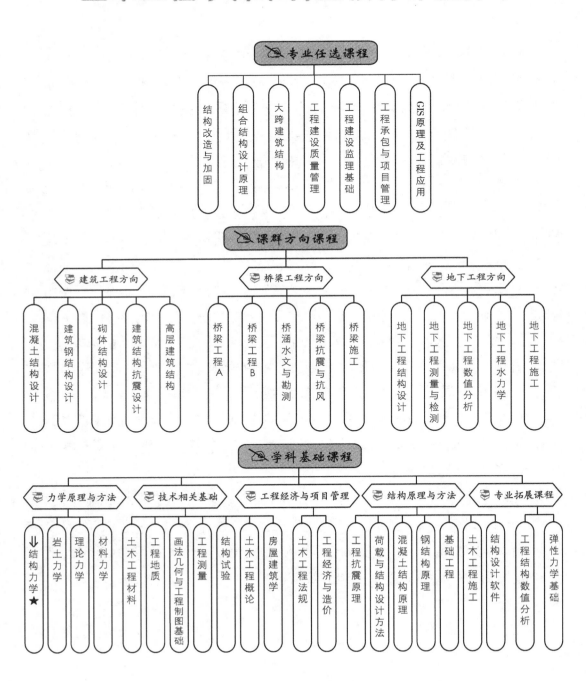

**专业任选课程**

结构改造与加固 | 组合结构设计原理 | 大跨建筑结构 | 工程建设质量管理 | 工程建设监理基础 | 工程承包与项目管理 | GIS原理及工程应用

**课群方向课程**

**建筑工程方向**
混凝土结构设计 | 建筑钢结构设计 | 砌体结构设计 | 建筑结构抗震设计 | 高层建筑结构

**桥梁工程方向**
桥梁工程A | 桥梁工程B | 桥涵水文与勘测 | 桥梁抗震与抗风 | 桥梁施工

**地下工程方向**
地下工程结构设计 | 地下工程测量与检测 | 地下工程数值分析 | 地下工程水力学 | 地下工程施工

**学科基础课程**

**力学原理与方法**
⇓ 结构力学 ★ | 岩土力学 | 理论力学 | 材料力学

**技术相关基础**
土木工程材料 | 工程地质 | 画法几何与工程制图基础 | 工程测量 | 结构试验 | 土木工程概论 | 房屋建筑学

**工程经济与项目管理**
土木工程法规 | 工程经济与造价

**结构原理与方法**
工程抗震原理 | 荷载与结构设计方法 | 混凝土结构原理 | 钢结构设计原理 | 基础工程 | 土木工程施工

**专业拓展课程**
结构设计软件 | 工程结构数值分析 | 弹性力学基础

# 前言

本书按照全国高等学校土木工程学科专业指导委员会编制的《高等学校土木工程本科指导性专业规范》中所规定的内容编写,参考学时128,适用于四年制土木工程、水利工程等专业。本书是天津大学土木工程专业考研指定参考教材。

本书分上、下两册,共十二章。上册是基本部分,主要包括绪论,平面体系的几何组成分析,静定梁、静定平面刚架和三铰拱的受力分析,静定平面桁架和静定组合结构的受力分析,静定结构的位移计算,力法,位移法,力矩分配法,共八章。下册是专题部分,主要包括影响线的做法及应用,结构的动力计算,梁和刚架的极限荷载,结构的稳定计算,共四章。

本书的编写主要参考了原天津大学土木系"结构力学"课程所使用的教材——刘昭培、张韫美教授编写的《结构力学》教材。根据实际课时的安排,将原教材上册第九章"结构在移动荷载下的计算"移至下册,并更名为"影响线的做法及应用"。另由于下册所涉及的结构矩阵分析内容已另外开课并被编写在其他教材中,故本书删去了这部分内容。结合编者多年对原教材的教学,本书对原教材各章节的内容做了不同程度的修改和补充。

本书上、下册由毕继红、王晖编著。毕继红负责第1,6,9,10,11,12章内容的编写,王晖负责第2,3,4,5,7,8章内容的编写。研究生全肖言、黄丽、韩文元、郭越洋等参加了本书绘图、校核等工作。

由于编者水平有限,书中难免有缺点和错误,敬请使用本教材的教师及读者批评、指正。

编　者

2016 年 1 月

# 目　　录

# 第 9 章　影响线的做法及应用

在建筑结构及桥梁的设计中,影响线起着重要的作用。本章首先讨论结构的影响线的做法,然后再研究影响线的应用。影响线的理论适用于承受均布荷载或一系列集中荷载的结构,特别适用于楼板梁、桁架结构及桥梁。可应用影响线理论求解在移动荷载作用下结构中的最大弯矩及最大剪力。

## 9.1　影响线的概念

前几章讨论的是在固定荷载作用下的结构计算问题。固定荷载是指作用在结构上的荷载大小、方向及作用位置不变。而有些工程结构,如楼板梁、吊车梁、桁架桥等,除了受到固定荷载外,还受到移动荷载作用。所谓移动荷载,是指荷载的大小和方向不变,但是作用位置改变。如一组汽车在桥上移动时,汽车轮对桥的作用力就可看成是一系列集中荷载在桥上移动,此类荷载就是移动荷载。再如当一台履带式起重机在桥上通过时,相当于一段长度、集度不变而作用位置改变的均布荷载在桥上移动。因此,移动荷载可以是一系列集中荷载或者是一段分布荷载。

当荷载在结构上移动时,结构的任一截面弯矩、剪力及支座反力等量值会随着荷载的移动而改变。进行结构设计时,需要知道这些量值的最大值。因此,研究这些量值的变化规律是非常重要的。为此,先研究单个集中力在结构上移动时各量值的变化情况,再根据叠加原理求出一系列集中荷载或者是一段分布荷载移动时相应量值的变化规律,由此得出量值的最大值。

表示单位荷载移动时结构的支座反力、截面弯矩或剪力等量值的变化规律的图形叫做此量值的影响线。作出影响线后就可利用它求出在一组移动荷载作用下此量值的最大值和最不利的荷载位置。下面举例说明影响线的概念。

图 9 - 1(a)所示是一简支梁,设单位力 $P = 1$ 在梁上移动,现讨论支座反力 $R_A$ 的变化规律。取 $A$ 点为坐标原点,用 $x$ 表示单位力的位置,显然 $R_A$ 的大小与 $x$ 有关。$R_A$ 与 $x$ 的关系如图 9 - 1(b)所示。将 $R_A$ 随 $x$ 的变化规律用图形表示出来即如图 9 - 1(c)所示,此图形就是支座反力 $R_A$ 的影响线。

从图 9 - 1(c)可看出,随着 $x$ 的增加,$R_A$ 线性减小。当 $x = 0$ 时,$R_A = 1$,当 $x = l$ 时,$R_A = 0$,显然 $x = 0$ 是最不利的荷载位置。$R_A$ 的影响线体现了 $R_A$ 的变化规律。

## 9.2　用静力法作静定梁的影响线

静定梁的影响线有两种做法:静力法和机动法。用静力法作某量值影响线的思路是:通过静力平衡方程得出该量值随荷载位置的变化规律,然后作出其影响线。具体的步骤如下:

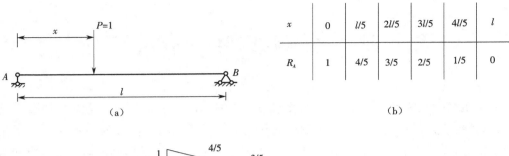

(a)

| $x$ | 0 | $l/5$ | $2l/5$ | $3l/5$ | $4l/5$ | $l$ |
|---|---|---|---|---|---|---|
| $R_A$ | 1 | 4/5 | 3/5 | 2/5 | 1/5 | 0 |

(b)

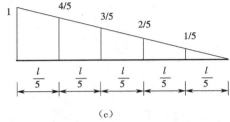

(c)

图 9-1　简支梁的 $R_A$ 影响线

（1）取定坐标轴，用变量 $x$ 标记单位力的位置；

（2）用静力平衡方程求出此量值，即得出所求量值与 $x$ 的关系式，此关系式即为该量值的影响线方程；

（3）根据影响线方程作出影响线。

下面举例说明如何用静力法作影响线。

如图 9-2（a）所示，用静力法作简支梁 $AB$ 的支座反力、弯矩及剪力的影响线。取 $A$ 为坐标原点，用 $x$ 标记单位力的作用位置。

1. 支座反力影响线

1）$R_A$ 的影响线

根据力矩平衡方程 $\sum M_B = 0$，有

$$R_A \cdot l - P(l - x) = 0$$

得

$$R_A = \frac{l - x}{l}$$

上式即为 $R_A$ 的影响线方程。从方程可以看出，$R_A$ 是 $x$ 的一次函数，这说明 $R_A$ 的影响线是一条直线。因此，只要已知两点的竖标值就可以定出 $R_A$ 的影响线。有：

当 $x = 0$ 时，$R_A = 1$；

当 $x = l$ 时，$R_A = 0$。

在水平基线上标出 $A$、$B$ 两端点对应的竖标顶点，并用直线相连，即得 $R_A$ 的影响线，如图 9-2（b）所示。

2）$R_B$ 的影响线

根据力矩平衡方程 $\sum M_A = 0$，有

$$R_B \cdot l - P \cdot x = 0$$

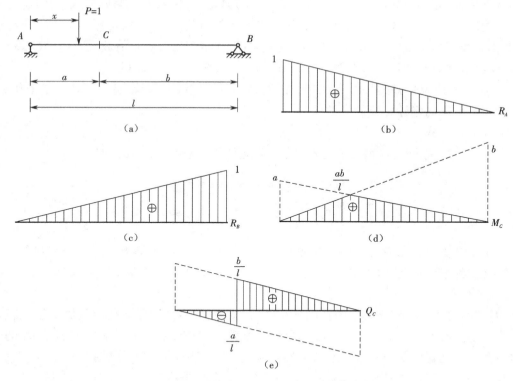

**图 9 - 2　简支梁 $AB$ 的 $R_A$,$R_B$,$M_C$,$Q_C$ 影响线**

得

$$R_B = \frac{x}{l}$$

上式即为 $R_B$ 的影响线方程。从方程可以看出，$R_B$ 也是 $x$ 的一次函数，这说明 $R_B$ 的影响线也是一条直线。根据此影响线方程可绘出 $R_B$ 的影响线，如图 9 - 2(c)所示。

规定正值画在水平基线的上边，负值画在水平基线的下边。因为单位力是无量纲量，所以支座反力的竖标也为无量纲量。

2. 弯矩影响线

$C$ 截面位置如图 9 - 2(a)所示，作出 $C$ 截面弯矩 $M_C$ 的影响线。

首先需要列出 $M_C$ 的影响线方程。与支座反力的影响线方程不同的是，$M_C$ 的影响线方程是分段表示的，即

$$\begin{cases} M_C = R_B \cdot b = \dfrac{xb}{l} & (x \leqslant a) \\[2mm] M_C = R_A \cdot a = \dfrac{(l-x)a}{l} & (a < x \leqslant l) \end{cases}$$

由上述方程可以看出，$M_C$ 的影响线是由两段直线组成的，即是一条折线，折线的顶点对应的位置在 $x = a$ 处，竖标值为 $\dfrac{ab}{l}$，如图 9 - 2(d)所示。由此可知，当单位力在梁上移动时，$M_C$ 的最不利荷载位置为 $x = a$ 处，最大值为 $\dfrac{ab}{l}$。

从上述影响线方程可以看出,左直线段$(x \leqslant a)$是由$R_B$的影响线竖标放大$b$倍得到的,而右直线段$(a < x \leqslant l)$是由$R_A$的影响线竖标放大$a$倍得到的。因此,可用另一种方法绘出$M_C$的影响线。具体做法是:首先绘出$R_B$的影响线,并将右端点竖标值放大$b$倍,取其$x \leqslant a$段;再绘出$R_A$的影响线,并将左端点竖标值放大$a$倍,取其$a < x \leqslant l$段。

这种作影响线的方法是利用已知量值$(R_A, R_B)$的影响线来求未知量值$(M_C)$的影响线。弯矩影响线的竖标是长度的量纲。

3. 剪力影响线

与弯矩影响线类似,$C$截面剪力$Q_C$的影响线方程也是分段表示的,即

$$\begin{cases} Q_C = -R_B = -\dfrac{x}{l} & (x \leqslant a) \\ Q_C = R_A = \dfrac{l-x}{l} & (a < x \leqslant l) \end{cases}$$

根据上述方程绘出$Q_C$影响线,如图9－2(e)所示。从图中可看出,$Q_C$的影响线是由两段平行的直线段组成的,且$C$点的左、右竖标值相差1,即当单位力从$C$点左边移到右边时,$Q_C$发生了突变,突变值是1。

也可以用已知量值$(R_A, R_B)$的影响线来求未知量值$(Q_C)$的影响线。从影响线方程可以看出,左直线段$(x \leqslant a)$方程是$-R_B$的影响线方程,而右直线段$(a < x \leqslant l)$方程是$R_A$的影响线方程。具体做法是:首先绘出$-R_B$的影响线,即设右端点竖标值为$-1$,取其$x \leqslant a$段;再绘出$R_A$的影响线,取其$a < x \leqslant l$段。由此可得$Q_C$的影响线。

剪力的影响线竖标是无量纲量。

【例9－1】　伸臂梁$AB$如图9－3(a)所示,试作出支座反力$R_A$,$R_B$及$M_C$,$Q_C$,$M_D$,$Q_D$的影响线。

【解】　(1)支座反力$R_A$,$R_B$的影响线

以$A$为坐标原点,用$x$标记单位力的位置,由$\sum M_B = 0$,得$R_A$的影响线方程为

$$R_A = \frac{l-x}{l}$$

绘出$R_A$的影响线如图9－3(b)所示。

由$\sum M_A = 0$,得$R_B$的影响线方程为

$$R_B = \frac{x}{l}$$

绘出$R_B$的影响线如图9－3(c)所示。

可以看出此伸臂梁的支座反力$R_A$,$R_B$影响线方程与前述简支梁的支座反力影响线方程一样,其影响线相当于将简支梁的支座反力影响线两边外伸而得到的。

(2)$M_C$影响线

单位力作用于$C$点左边与右边的弯矩影响线方程是不同的,即

$$\begin{cases} M_C = R_B \cdot b = \dfrac{x}{l}b & (x \leqslant a) \\ M_C = R_A \cdot a = \dfrac{l-x}{l}a & (a < x \leqslant l) \end{cases}$$

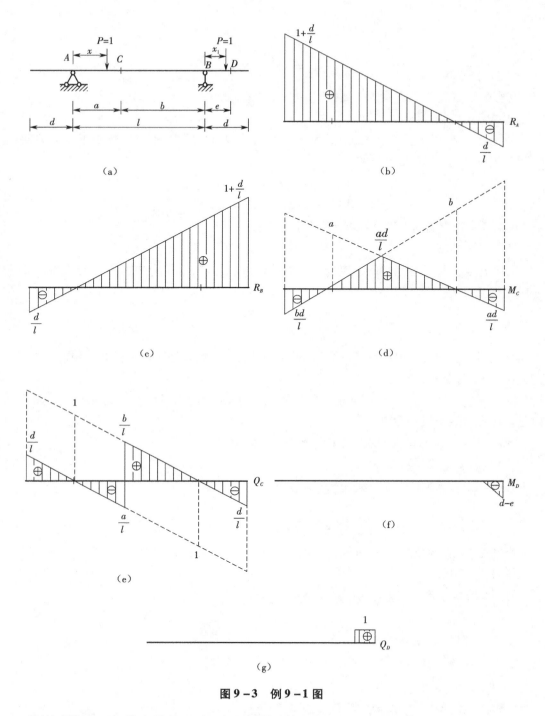

（a）　　　　　　　　　　　　　　（b）

（c）　　　　　　　　　　　　　　（d）

（e）　　　　　　　　　　　　　　（f）

（g）

**图 9 - 3　例 9 - 1 图**

其影响线方程与简支梁的一致,绘出的影响线如图 9 - 3(d)所示。

（3）$Q_C$ 影响线

单位力作用于 $C$ 点左边与右边的 $Q_C$ 影响线方程也是不同的,即

$$\begin{cases} Q_C = -R_B = -\dfrac{x}{l} & (x \leqslant a) \\[3mm] Q_C = R_A = \dfrac{l-x}{l} & (a < x \leqslant l) \end{cases}$$

其影响线方程与简支梁的一致,绘出的影响线如图 9-3(e)所示。

(4)$M_D$ 影响线

为方便起见,以 $B$ 点为坐标原点,用 $x_1$ 表示单位力的位置。单位力作用于 $D$ 点左侧与右侧的 $M_D$ 影响线方程是不同的,即

$$\begin{cases} M_D = 0 & (x_1 \leqslant e) \\[2mm] M_D = e - x_1 & (e < x_1 \leqslant d) \end{cases}$$

绘出 $M_D$ 的影响线如图 9-3(f)所示。

(5)$Q_D$ 影响线

仍以 $B$ 点为坐标原点,用 $x_1$ 表示单位力的位置。同样,单位力作用于 $D$ 点左侧与右侧的 $Q_D$ 影响线方程也是不同的,即

$$\begin{cases} Q_D = 0 & (x_1 \leqslant e) \\[2mm] Q_D = 1 & (e < x_1 \leqslant d) \end{cases}$$

绘出 $Q_D$ 的影响线如图 9-3(g)所示。可看出 $Q_D$ 影响线是两条平行线,且在 $D$ 点竖标值发生突变,突变值是 1。

【例 9-2】　图 9-4(a)所示是一斜伸臂梁,试作出竖向荷载作用下的支座反力及截面 $C$ 的弯矩、剪力和轴力的影响线。

【解】　取 $A$ 点为坐标原点,用 $x$ 表示单位力的位置。

(1)支座反力 $R_B$ 影响线

根据平衡方程 $\sum M_A = 0$,得 $R_B$ 的影响线方程为

$$R_B = \frac{x}{l/\cos\alpha} = \frac{x}{l}\cos\alpha$$

绘出的 $R_B$ 影响线如图 9-4(b)所示。

(2)$R_{Ay}$ 影响线

由整体平衡条件 $\sum Y = 0$,得 $R_{Ay}$ 的影响线方程为

$$R_{Ay} = 1 - R_{By} = 1 - \frac{x}{l}\cos^2\alpha$$

绘出的 $R_{Ay}$ 影响线如图 9-4(c)所示。

(3)$R_{Ax}$ 影响线

由整体平衡条件 $\sum X = 0$,得 $R_{Ax}$ 的影响线方程为

$$R_{Ax} = R_{Bx} = \frac{x}{l}\cos\alpha\sin\alpha$$

绘出的 $R_{Ax}$ 影响线如图 9-4(d)所示。

(4)$M_C$ 影响线

$M_C$ 影响线方程需分段表示:

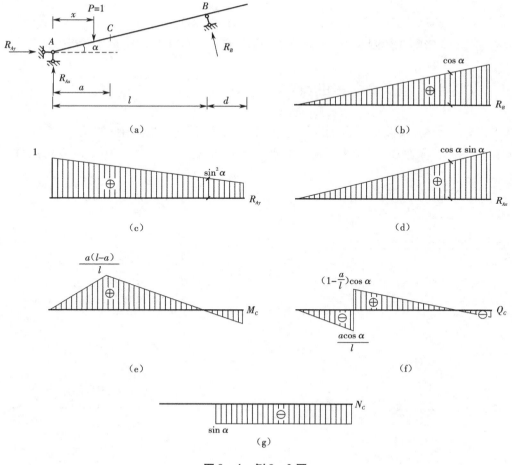

图 9 - 4　例 9 - 2 图

$$\begin{cases} M_C = R_B \dfrac{l-a}{\cos \alpha} = \dfrac{x}{l}(l-a) & (x \leqslant a) \\[3mm] M_C = R_{Ay} \cdot a - R_{Ax} \cdot a \cdot \tan \alpha = \left(1 - \dfrac{x}{l}\cos^2 \alpha\right)a - \dfrac{x \cdot a}{l}\sin^2 \alpha = \dfrac{a}{l}(l-x) & (a < x \leqslant l) \end{cases}$$

绘出的 $M_C$ 影响线如图 9 - 4(e)所示。

（5）$Q_C$ 影响线

同样，$Q_C$ 影响线方程也需分段表示：

$$\begin{cases} Q_C = -R_B = -\dfrac{x}{l}\cos \alpha & (x \leqslant a) \\[3mm] Q_C = \left(1 - \dfrac{x}{l}\right)\cos \alpha & (a < x \leqslant l) \end{cases}$$

绘出的 $Q_C$ 影响线如图 9 - 4(f)所示。

（6）$N_C$ 影响线

同样，$N_C$ 影响线方程也需分段表示：

$$\begin{cases} N_C = 0 & (x \leqslant a) \\ N_C = -\sin\alpha & (a < x \leqslant l) \end{cases}$$

绘出的 $N_C$ 影响线如图 9-4(g)所示,图中 $C$ 点左右两条影响线相互平行。

## 9.3　间接荷载作用下的影响线

有些建筑结构,荷载作用在上纵梁上,通过横梁传到下面主梁上,如图 9-5(a)所示。因此,对于主梁 $AB$ 来说,单位力是通过结点传下来的,这样的荷载称为间接荷载,或称结点荷载。

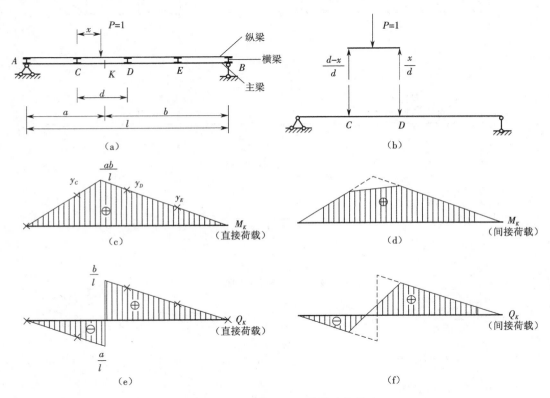

图 9-5　间接荷载作用下的影响线做法

以 $M_K$ 的影响线为例,将间接荷载作用下的影响线与直接荷载比较。首先作出直接荷载作用下的影响线,如图 9-5(c)所示。当单位力在上纵梁上移动到结点位置时,$M_K$ 值与单位力直接作用到主梁结点位置时相同。因此,在各结点处间接荷载作用下的影响线竖标值与直接荷载相同。

现在再来研究相邻结点间的影响线。以 $CD$ 段为例,当单位力在 $C$、$D$ 间移动时,其作用通过结点 $C$、$D$ 传到下面主梁上。设单位力距 $C$ 点的距离为 $x$,则传到 $C$ 点的力为 $\dfrac{d-x}{d}$,而传到 $D$ 点的力为 $\dfrac{x}{d}$。随着单位力位置的改变,传到 $C$、$D$ 点的力也在改变,如图 9-5(b)所示。设直接荷载作用下,$C$ 点的竖标值为 $y_C$,$D$ 点的竖标值为 $y_D$,根据叠加原理,当 $C$ 点作用力为 $\frac{d-x}{d}$、$D$ 点作用力为 $\frac{x}{d}$ 时,有

$$M_K = \frac{d-x}{d}y_C + \frac{x}{d}y_D$$

由上式可以看出,当单位力在 $C$、$D$ 间移动时,$M_K$ 是 $x$ 的一次函数,这说明 $C$、$D$ 间的影响线是一条直线。同理可知,任意两个结点间的影响线均是直线。最终得间接荷载作用下 $M_K$ 的影响线如图 9 - 5(d)所示。

作间接荷载作用下影响线的步骤如下:

(1)作出直接荷载作用下的影响线;

(2)找出结点处的影响线的竖标值;

(3)将相邻两结点间的竖标顶点用直线相连,即得间接荷载作用下的影响线。

再来看间接荷载作用下 $Q_K$ 的影响线。首先作出直接荷载作用下的 $Q_K$ 影响线,找出结点 $A$、$B$、$C$、$D$ 和 $E$ 的竖标值,如图 9 - 5(e)所示;然后将各相邻竖标顶点用直线连起来,即得间接荷载作用下 $Q_K$ 的影响线,如图 9 - 5(f)所示。

显然,对于结点处的内力影响线(如 $M_C$、$Q_C$),间接荷载与直接荷载相同;对于支座反力 $R_A$、$R_B$,间接荷载与直接荷载的影响线也相同。

**【例 9 - 3】**　试作图 9 - 6(a)所示 $AB$ 外伸梁 $B$ 截面左侧剪力 $Q_{B左}$ 的影响线。

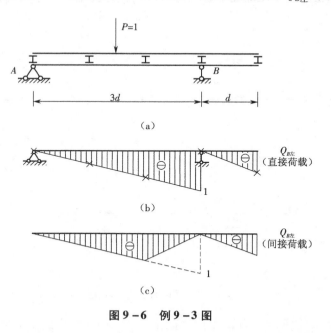

图 9 - 6　例 9 - 3 图

**【解】**　首先作出外伸梁 $AB$ 在直接荷载作用下 $Q_{B左}$ 的影响线,如图 9 - 6(b)所示。可以看出此影响线在 $B$ 截面处发生突变,突变值为 1,且左、右两条直线相互平行。然后找出各结点处的影响线竖标值,特别注意的是:当单位力作用在 $B$ 截面时,$B$ 截面左侧的剪力值为 0。最后将相邻的结点的竖标顶点用直线相连,即得此梁在间接荷载作用下的影响线,如图 9 - 6(c)所示。

## 9.4　用机动法作静定梁的影响线

前面介绍了如何用静力法绘制静定梁的影响线,用此方法绘制某量值的影响线时需列出相应的影响线方程,因此适用于比较简单的结构。对于较复杂的结构,如多跨静定梁,若用此方法,在列影响线方程时比较麻烦,此时更适于用另外一种方法——机动法。

用机动法作某量值影响线的理论基础是虚位移原理。以图 9-7(a)所示的伸臂梁为例,说明此方法。

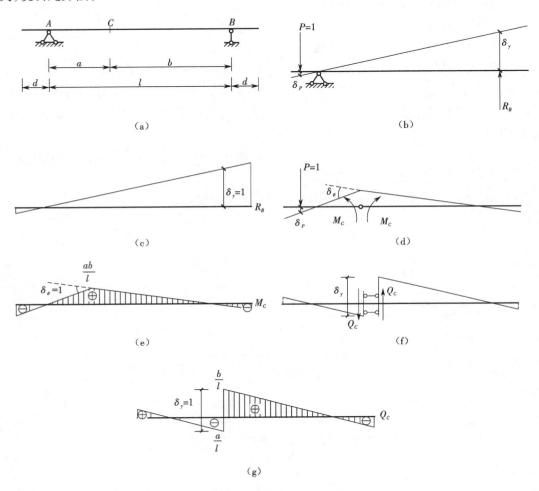

（a）　　　　　　　　　　　　　　　（b）

（c）　　　　　　　　　　　　　　　（d）

（e）　　　　　　　　　　　　　　　（f）

（g）

**图 9-7　用机动法作影响线**

作图示伸臂梁 B 端支座反力 $R_B$ 的影响线。先将与 $R_B$ 相应的约束去掉,用相应的力 $R_B$ 代替。此梁原为静定梁,去掉此约束后,就变成一机构。然后让此机构产生与 $R_B$ 相应的虚位移,可得虚位移图,如图 9-7(b)所示。令 B 点与 $R_B$ 相应的虚位移,即 B 点的竖向位移为 $\delta_y$,设与单位力 $P=1$ 相应的虚位移为 $\delta_P$。根据虚位移原理,外力做的虚外功应该等于此机构的虚内功。此时作用在机构上的外力功包括 $R_B$ 及单位力所做的功。因为机构没有变形,内力功为零,所以外力功也应该为零,即

$$R_B \cdot \delta_y + 1 \cdot \delta_P = 0$$

$$R_B = -\frac{\delta_P}{\delta_y} = \frac{1}{\delta_y}(-\delta_P)$$

从上式可以看出,当单位力在机构上移动时,$\delta_P$ 改变,此时 $R_B$ 与 $\delta_P$ 成比例变化。可以说此虚位移图就是 $R_B$ 影响线的轮廓。

为得到 $R_B$ 的影响线,令 $\delta_y = 1$,代入上式,得

$$R_B = -\delta_P$$

此时的虚位移图即是 $R_B$ 的影响线,如图 9 - 7(c)所示。

注意式中负号的来历。对于 $\delta_P$,代表与单位力相应的位移,以向下为正,而影响线的竖标值,即 $R_B$ 值,以水平基线上为正,所以它们之间相差一负号。

采用同样的方法,可绘出 $C$ 截面弯矩 $M_C$ 的影响线。首先去掉与 $M_C$ 相应的约束,即将 $C$ 截面由刚接变成铰接,此时梁就变成一个机构,在铰的两侧施加一对力偶 $M_C$,如图 9 - 7 (d)所示。再使此机构发生与 $M_C$ 相应的虚位移,令 $C$ 截面左右两侧的相对转角为 $\delta_\theta$,与单位力相应的虚位移为 $\delta_P$。根据虚位移原理,有下式成立:

$$M_C \cdot \delta_\theta + 1 \cdot \delta_P = 0$$

$$M_C = -\frac{\delta_P}{\delta_\theta} = \frac{1}{\delta_\theta}(-\delta_P)$$

从上式可以看出,$M_C$ 随着 $\delta_P$ 的改变而改变,此时 $M_C$ 与 $\delta_P$ 成比例变化。可以说此虚位移图就是 $M_C$ 影响线的轮廓。

为得到 $M_C$ 的影响线,令 $\delta_\theta = 1$,即 $C$ 截面左右两侧的相对转角为 1,代入上式,得

$$M_C = -\delta_P$$

此时的虚位移图即是 $M_C$ 的影响线,如图 9 - 7(e)所示。

再来看 $C$ 截面剪力 $Q_C$ 的影响线。首先去掉与 $Q_C$ 相应的约束,即将 $C$ 截面由刚接变成定向连接,即允许 $C$ 截面左右两侧有相对竖向位移,此时梁就变成一个机构,在 $C$ 截面左右两侧施加一对竖向力 $Q_C$,如图 9 - 7(f)所示。再使此机构发生与 $Q_C$ 相应的虚位移,令 $C$ 截面左右两侧的相对位移为 $\delta_y$,与单位力相应的虚位移为 $\delta_P$。根据虚位移原理,有下式成立:

$$Q_C \cdot \delta_y + 1 \cdot \delta_P = 0$$

$$Q_C = -\frac{\delta_P}{\delta_y} = \frac{1}{\delta_y}(-\delta_P)$$

从上式可以看出,$Q_C$ 随着 $\delta_P$ 的改变而改变,此时 $Q_C$ 与 $\delta_P$ 成比例变化。可以说此虚位移图就是 $Q_C$ 影响线的轮廓。

为得到 $Q_C$ 的影响线,令 $\delta_y = 1$,即 $C$ 截面左右两侧的相对竖向位移为 1,代入上式,得

$$Q_C = -\delta_P$$

此时的虚位移图即是 $Q_C$ 的影响线,如图 9 - 7(g)所示。

【例 9 - 4】　图 9 - 8(a)所示是一根悬臂梁,试用机动法作出 $C$ 截面的弯矩及剪力的影响线。

【解】　(1)$M_C$ 影响线

首先去掉与 $M_C$ 相应的约束,即在 $C$ 截面处将刚接变成铰接,在铰的两侧施加一对力偶

$M_C$，并使此机构产生与 $M_C$ 相应的虚位移，如图 9 - 8（b）所示。因为 $C$ 截面左侧仍是一静定结构，没有虚位移，所以只是在 $C$ 截面右侧发生转动，图 9 - 8（b）所示的虚位移是 $M_C$ 影响线轮廓，再令 $C$ 截面右侧的转角 $\delta_\theta$ 为 1，此时的虚位移图就是 $M_C$ 的影响线，如图 9 - 8（c）所示。

（2）$Q_C$ 影响线

首先去掉与 $Q_C$ 相应的约束，即在 $C$ 截面处将刚接变成定向连接，在两侧施加一对竖向力 $Q_C$，并使此机构产生与 $Q_C$ 相应的虚位移，如图 9 - 8（d）所示。因为 $C$ 截面左侧仍是一静定结构，没有虚位移，所以只是在 $C$ 截面右侧发生平移，图 9 - 8（d）所示的虚位移是 $Q_C$ 影响线轮廓，再令 $C$ 截面右侧的竖向位移 $\delta_y$ 为 1，此时的虚位移图就是 $Q_C$ 的影响线，如图 9 - 8（e）所示。

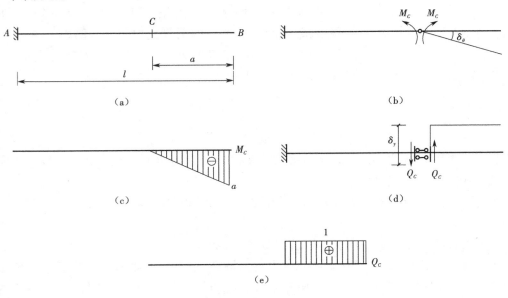

图 9 - 8　例 9 - 4 图

**【例 9 - 5】**　试作图 9 - 9（a）所示梁在间接荷载作用下 $A$ 截面右侧剪力 $Q_{A右}$ 的影响线。

**【解】**　首先作直接荷载作用下的影响线。在 $A$ 截面右侧将刚接变成定向连接，并施加一对竖向力 $Q_{A右}$，使机构发生与 $Q_{A右}$ 相应的虚位移，如图 9 - 9（b）所示；再令与 $Q_{A右}$ 相应的虚位移为 1，此时的虚位移图即是直接荷载作用下 $Q_{A右}$ 的影响线，如图 9 - 9（c）所示。找出各结点处影响线竖标顶点，并取 $C$ 支座处竖标值为 0，将各相邻的竖标顶点用直线相连，即得到间接荷载作用下 $Q_{A右}$ 的影响线，如图 9 - 9（d）所示。

**【例 9 - 6】**　试用机动法作出图 9 - 10（a）所示多跨静定梁的 $R_B$、$M_G$、$Q_G$、$M_H$ 影响线。

**【解】**　作多跨静定梁的影响线时，需先对结构进行几何组成分析，将结构按基本部分和附属部分分开。因为附属部分的几何不变性是依赖其基本部分的，所以当基本部分发生虚位移时，可带动相应的附属部分；而当附属部分发生虚位移时，不会影响其基本部分。

对于图 9 - 10（a）所示多跨静定梁，因为单位力是竖向荷载，所以 $AC$ 杆和 $DF$ 杆均是基本部分，而 $CD$ 杆是它们的附属部分。下面分别绘出各量值的影响线。

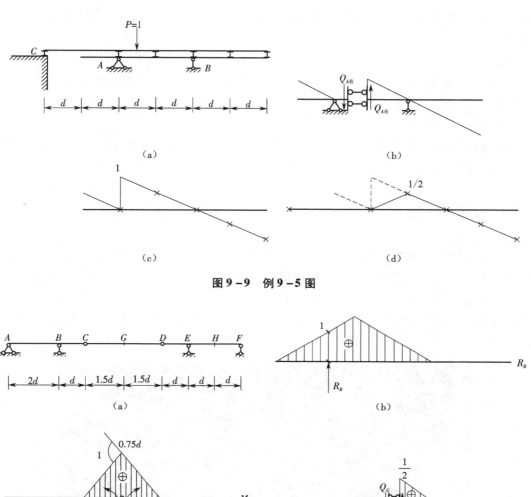

图 9－9　例 9－5 图

图 9－10　例 9－6 图

（1）$R_B$ 影响线

因为 $AC$ 杆是基本部分，而 $CD$ 杆是其附属部分，所以当 $AC$ 杆有虚位移时，会带动 $CD$ 杆。用机动法绘出的 $R_B$ 影响线如图 9－10（b）所示。

（2）$M_G$ 影响线

因为 $CD$ 杆是 $AC$ 杆和 $DF$ 杆的附属部分，所以当 $CD$ 杆有虚位移时，不会影响 $AC$ 杆和

$DF$ 杆。将 $G$ 截面由刚接变成铰接,再施加虚位移,用机动法绘出的 $M_G$ 影响线如图 9 – 10(c)所示。

　　(3)$Q_G$ 影响线

　　将 $G$ 截面由刚接变成定向连接,再施加虚位移,用机动法绘出的 $Q_G$ 影响线如图 9 – 10(d)所示。

　　(4)$M_H$ 影响线

　　因为 $DF$ 杆是基本部分,而 $CD$ 杆是其附属部分,所以当 $DF$ 杆有虚位移时,会带动 $CD$ 杆。用机动法绘出的 $M_H$ 影响线如图 9 – 10(e)所示。

## 9.5　桁架影响线

　　在桁架桥中,桁架是主要的传力结构,因此了解各桁架杆内力的变化规律对桥梁结构设计起着重要作用。如图 9 – 11 所示,桥面板的荷载通过纵梁传到下面底梁(横梁)上,再由结点传到桁架的下弦杆上,因此桁架所受的荷载可以看做是间接荷载。所以,作桁架各量值影响线时需采用作间接荷载作用下影响线的方法。下面通过两个例子说明如何作桁架各量值的影响线。

**图 9 – 11　美国新泽西州特拉华河贝奇罗斯大桥**

　　【例 9 – 7】　如图 9 – 12(a)所示,作桁架 $CD$ 杆、$FD$ 杆、$FG$ 杆及 $FC$ 杆轴力的影响线。

　　【解】　首先作出支座反力的影响线,该影响线与简支梁的影响线相同,如图 9 – 12(b)所示。

　　(1)$CD$ 杆轴力的影响线

　　取 Ⅰ—Ⅰ 截面将桁架切成左、右两部分。当单位力在 Ⅰ—Ⅰ 截面左侧移动时,取右侧作隔离体,以 $F$ 点为矩心,根据 $\sum M_F = 0$,得

$$N_{CD} \cdot d - R_B \cdot 3d = 0$$

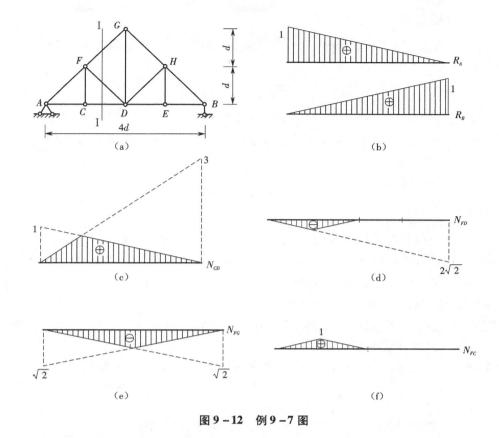

**图 9 - 12　例 9 - 7 图**

$$N_{CD} = 3R_B$$

当单位力在 Ⅰ — Ⅰ 截面右侧移动时,取左侧作隔离体,以 $F$ 点为矩心,根据 $\sum M_F = 0$,得

$$N_{CD} \cdot d - R_A \cdot d = 0$$
$$N_{CD} = R_A$$

绘出的 $N_{CD}$ 影响线如图 9 - 12(c)所示。

(2)$FD$ 杆轴力的影响线

当单位力在 Ⅰ — Ⅰ 截面左侧移动时,取右侧作隔离体,以 $A$ 点为矩心,根据 $\sum M_A = 0$,得

$$N_{FD} \cdot \sqrt{2}d + R_B \cdot 4d = 0$$
$$N_{FD} = -2\sqrt{2}R_B$$

当单位力在 Ⅰ — Ⅰ 截面右侧移动时,取左侧作隔离体,以 $A$ 点为矩心,根据 $\sum M_A = 0$,得

$$N_{FD} \cdot \sqrt{2}d = 0$$
$$N_{FD} = 0$$

绘出的 $N_{FD}$ 影响线如图 9 - 12(d)所示。

（3）$FG$ 杆轴力的影响线

当单位力在 Ⅰ—Ⅰ 截面左侧移动时，取右侧作隔离体，以 $D$ 点为矩心，根据 $\sum M_D = 0$，得

$$N_{FG} \cdot \sqrt{2}d + R_B \cdot 2d = 0$$

$$N_{FG} = -\sqrt{2}R_B$$

当单位力在 Ⅰ—Ⅰ 截面右侧移动时，取左侧作隔离体，以 $D$ 点为矩心，根据 $\sum M_D = 0$，得

$$N_{FG} \cdot \sqrt{2}d + R_A \cdot 2d = 0$$

$$N_{FG} = -\sqrt{2}R_A$$

绘出的 $N_{FG}$ 影响线如图 9 – 12(e) 所示。

（4）$FC$ 杆轴力的影响线

当单位力在下弦杆上移动时，只有作用在 $C$ 点时，$N_{FC} = 1$，作用在其他结点上时，$N_{FC} = 0$，绘出的 $N_{FC}$ 影响线如图 9 – 12(f) 所示。

有的平行弦桁架，当上弦杆承力时，称为上承式；当下弦杆承力时，称为下承式。两种情况下，杆件轴力的影响线是不同的。

**【例 9 – 8】**　如图 9 – 13(a)所示，作桁架中 $GD$ 杆及 $HD$ 杆轴力的影响线。

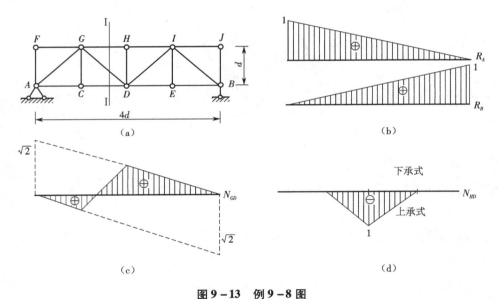

图 9 – 13　例 9 – 8 图

**【解】**　首先作出支座反力的影响线，其影响线与简支梁的影响线相同，如图 9 – 13(b)所示。

（1）$GD$ 杆轴力的影响线

取 Ⅰ—Ⅰ 截面将桁架切成左、右两部分。当单位力在 Ⅰ—Ⅰ 截面左侧移动时，取右侧作隔离体，在隔离体上只有 $N_{GD}$ 与 $R_B$ 有竖向分力，根据 $\sum Y = 0$，得

$$\frac{\sqrt{2}}{2}N_{GD} + R_B = 0$$

$$N_{GD} = -\sqrt{2}R_B$$

当单位力在 I—I 截面右侧移动时,取左侧作隔离体,在隔离体上只有 $N_{GD}$ 与 $R_A$ 有竖向分力,根据 $\sum Y = 0$,得

$$\frac{\sqrt{2}}{2}N_{GD} - R_A = 0$$

$$N_{GD} = \sqrt{2}R_A$$

绘出的 $N_{GD}$ 影响线如图 9 - 13(c)所示。

显而易见,对于上承式及下承式平行弦桁架,$N_{GD}$ 的影响线相同。

(2)$HD$ 杆轴力的影响线

当单位力在上弦杆上移动时,只有移动到 $H$ 点时,$N_{HD} = -1$,在其他结点时,$N_{HD} = 0$。

当单位力在下弦杆上移动时,$N_{HD} = 0$。

绘出的 $N_{HD}$ 影响线如图 9 - 13(d)所示。

# 9.6　用影响线求固定荷载作用下某个量值

前几节讲述了影响线的概念及做法,从这节开始学习影响线的应用。首先从简单的应用开始,在这一节中讨论如何用影响线求解荷载位置固定时某个量值的大小。

1. 一系列集中荷载

如图 9 - 14 所示,简支梁 $AB$ 上作用有 $n$ 个集中荷载 $P_1, P_2, \cdots, P_n$,量值 $S$ 的影响线上与 $P_1, P_2, \cdots, P_n$ 相对应的竖标值分别是 $y_1, y_2, \cdots, y_n$。根据影响线的定义,可得

$$S = P_1 y_1 + P_2 y_2 + \cdots + P_n y_n = \sum_{i=1}^{n} P_i y_i$$

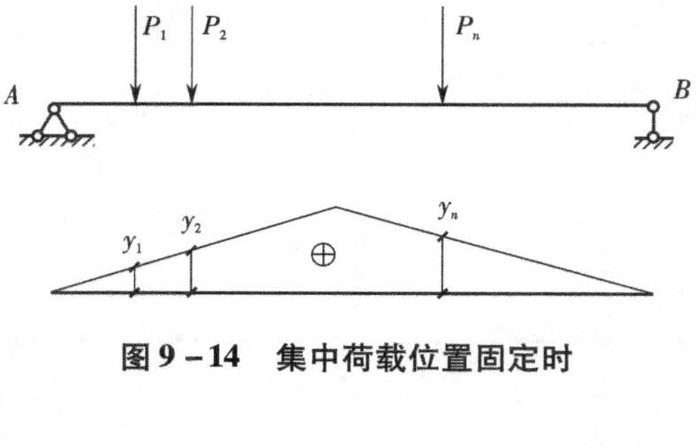

**图 9 - 14　集中荷载位置固定时**

2. 分布荷载

如图 9 - 15 所示,简支梁 $AB$ 上有一段分布荷载,将其分成若干个小微段,每一小段 $\mathrm{d}x$ 的分布力合力可看做一集中荷载 $q(x)\mathrm{d}x$,由此集中荷载产生的量值为 $y(x)q(x)\mathrm{d}x$,在区间 $MN$ 上积分,可得

$$S = \int_{M}^{N} y(x)q(x)\mathrm{d}x$$

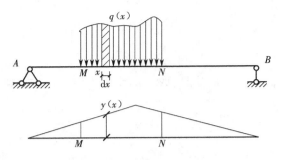

**图 9 – 15　分布荷载位置固定时**

若是均布荷载,即 $q(x) = q$,则

$$S = \int_M^N y(x) q(x) \mathrm{d}x = q \int_M^N y(x) \mathrm{d}x = q\omega$$

式中　$\omega$——均布荷载分布范围内影响线所围成的面积。

更一般情况,若梁上既有集中荷载 $P_1, P_2, \cdots, P_n$,又有分布荷载 $q(x)$,则有

$$S = \sum_{i=1}^n P_i y_i + \int_M^N y(x) q(x) \mathrm{d}x$$

【例 9 – 9】　如图 9 – 16(a)所示,伸臂梁 $AB$ 上作用有均布荷载和集中荷载,求 $C$ 截面的弯矩及剪力。

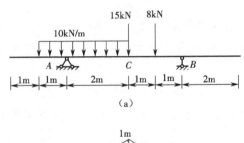

（a）

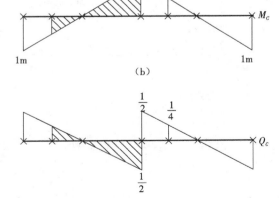

（b）

（c）

**图 9 – 16　例 9 – 9 图**

【解】　(1) $C$ 截面弯矩 $M_C$(图 9 – 16(b))

根据计算公式,有

$$M_C = \sum_{i=1}^{2} P_i y_i + \int y(x) q(x) \mathrm{d}x$$

$$= 15 \times 1 + 8 \times 0.5 + 10 \times \left( \frac{1}{2} \times 2 \times 1 - \frac{1}{2} \times 1 \times 0.5 \right)$$

$$= 26.5 (\mathrm{kN \cdot m})$$

（2）$C$ 截面剪力 $Q_C$（图 9 - 16（c））

因为剪力图在 $C$ 截面有突变，所以 $C$ 截面左侧剪力 $Q_{C左}$ 与右侧剪力 $Q_{C右}$ 不同。根据计算公式，有

$$Q_{C左} = \sum_{i=1}^{2} P_i y_i + \int y(x) q(x) \mathrm{d}x$$

$$= 15 \times \frac{1}{2} + 8 \times \frac{1}{4} + 10 \times \left( \frac{1}{2} \times \frac{1}{4} \times 1 - \frac{1}{2} \times 2 \times \frac{1}{2} \right)$$

$$= 5.75 (\mathrm{kN})$$

$$Q_{C右} = \sum_{i=1}^{2} P_i y_i + \int y(x) q(x) \mathrm{d}x$$

$$= -15 \times \frac{1}{2} + 8 \times \frac{1}{4} + 10 \times \left( \frac{1}{2} \times \frac{1}{4} \times 1 - \frac{1}{2} \times 2 \times \frac{1}{2} \right)$$

$$= -9.25 (\mathrm{kN})$$

## 9.7　用影响线判定最不利荷载位置

荷载在结构上移动时，结构的任一量值会随着改变。取定量值 $S$，当荷载移动到某位置时，使量值 $S$ 达到最大值，此位置称为量值 $S$ 的最不利荷载位置。最不利荷载位置确定后，就可按上节讲述的方法求出量值 $S$ 的最大值。下面按均布荷载和一系列集中荷载分别讲述。

1. 均布荷载

1）长度不变的均布荷载

履带式起重机可看做是一段长度不变的均布荷载，另外若集中荷载个数较多，间距小时，也可近似看做是均布荷载，如火车过铁路桥时，火车轴压可当成均布荷载。

如图 9 - 17（a）所示，简支梁 $AB$ 上作用有一段长度不变的均布荷载，现求对截面 $C$ 弯矩 $M_C$ 的最不利荷载位置。

首先绘出 $M_C$ 的影响线，如图 9 - 17（b）所示，设均布荷载 $q$ 位于梁上 $MN$ 段，此时

$$M_C = q\omega$$

当均布荷载向右移动 $\mathrm{d}x$ 后，相应的影响线所围成的图形面积有微小改变，因此 $M_C$ 的改变量

$$\mathrm{d}M_C = q(y_N \mathrm{d}x - y_M \mathrm{d}x) = q(y_N - y_M) \mathrm{d}x$$

$$\frac{\mathrm{d}M_C}{\mathrm{d}x} = q(y_N - y_M)$$

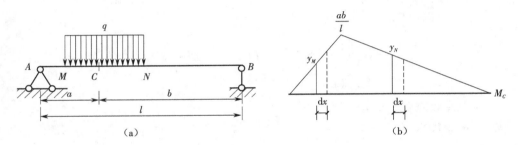

图9-17　长度不变的均布荷载

由上式可以看出,若使 $M_C$ 取最大,即 $\dfrac{\mathrm{d}M_C}{\mathrm{d}x}=0$,条件是

$$y_N = y_M$$

总之,当均布荷载的两端对应的影响线竖标值相等时,$M_C$ 取最大,此时的荷载位置是最不利的荷载位置。

【例9-10】　如图9-18(a)所示,静定梁上作用有一段长度为3 m的均布荷载,试确定对截面 $E$ 弯矩 $M_E$ 的最不利荷载位置,并求 $M_E$ 的最大值。

【解】　首先作出 $M_E$ 的影响线,如图9-18(b)所示。

根据 $y_N = y_M$,得 $M$ 点距 $A$ 点1.5 m时的荷载位置是最不利的,有

$$(M_E)_{\max} = q\omega = 10 \times \left(0.75 \times 3 + \frac{1}{2} \times 3 \times 0.75\right) = 33.75 \ (\mathrm{kN \cdot m})$$

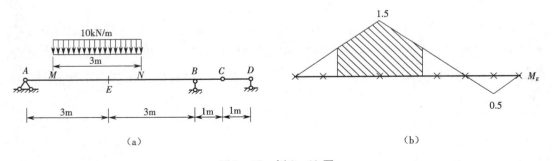

图9-18　例9-10图

2)可任意布置的均布荷载

人群荷载是典型的可任意布置的均布荷载。如图9-19(a)所示,伸臂梁上承受任意分布的均布荷载。此梁的 $D$ 截面弯矩 $M_D$ 影响线如图9-19(b)所示。由前面可知,$M_D$ 的计算公式为

$$M_D = q\omega$$

由此可以看出,当均布荷载 $q$ 分布范围内影响线所围成的面积取最大时,$M_D$ 最大。因此,当均布荷载布满 $AB$ 跨时,$M_D$ 取最大值,如图9-19(c)所示;而当均布荷载布满 $CA$ 跨时,$M_D$ 取负最大值(最小值),如图9-19(d)所示。

【例9-11】　如图9-20(a)所示,多跨静定梁上作用有任意布置的均布荷载 $q = 10 \ \mathrm{kN/m}$,试用影响线求 $F$ 截面弯矩 $M_F$ 的最大值及最小值。

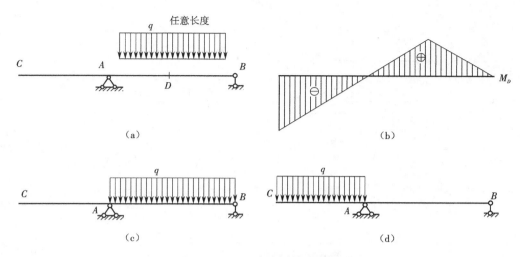

图9－19　可任意布置的均布荷载

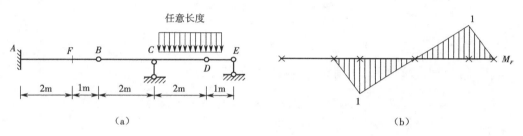

图9－20　例9－11图

【解】　首先绘出 $M_F$ 的影响线,如图9－20(b)所示。从 $M_F$ 的影响线可以看出,当均布荷载布满 $CE$ 段时, $M_F$ 取最大值,且有

$$(M_F)_{max} = q\omega = 10 \times \left(\frac{1}{2} \times 3 \times 1\right) = 15 \ (kN \cdot m)$$

当均布荷载布满 $FC$ 段时, $M_F$ 取最小值,且有

$$(M_F)_{min} = q\omega = -10 \times \left(\frac{1}{2} \times 3 \times 1\right) = -15 \ (kN \cdot m)$$

2. 一系列集中荷载

如图9－21(a)所示,简支梁 $AB$ 上有一系列集中荷载 $P_1, P_2, \cdots, P_k, P_{k+1}, \cdots, P_n$, $C$ 截面弯矩 $M_C$ 随着荷载移动而改变,现确定其最不利荷载位置。设荷载位于图中的位置, $C$ 截面左边有 $k$ 个荷载, $C$ 截面右边有 $n-k$ 个荷载。 $M_C$ 的影响线如图9－21(b)所示,且有

$$M_C = P_1 y_1 + P_2 y_2 + \cdots + P_k y_k + P_{k+1} y_{k+1} + \cdots + P_n y_n$$

当荷载向右有微小位移 $dx$ 时, $M_C$ 也随之发生微小改变:

$$M_C + dM_C = P_1(y_1 + dy_1) + P_2(y_2 + dy_2) + \cdots + P_k(y_k + dy_k) + P_{k+1}(y_{k+1} + dy_{k+1}) + \cdots + P_n(y_n + dy_n)$$

$$dM_C = P_1 dy_1 + P_2 dy_2 + \cdots + P_k dy_k + P_{k+1} dy_{k+1} + \cdots + P_n dy_n$$

由图9－21(b)可知,对于 $C$ 截面以左的 $k$ 个荷载,对应的 $dy$ 均相等,即

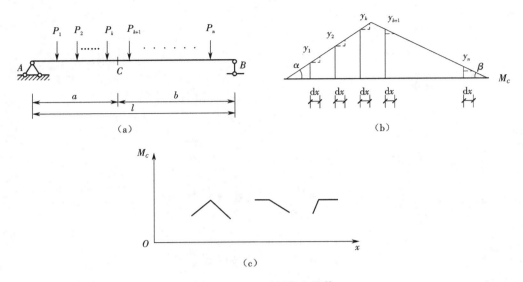

图 9-21　一系列集中荷载

$$\mathrm{d}y_1 = \mathrm{d}y_2 = \cdots = \mathrm{d}y_k = \tan\alpha \cdot \mathrm{d}x = \frac{h}{a}\mathrm{d}x$$

对于 $C$ 截面以右的 $n-k$ 个荷载,对应的 $\mathrm{d}y$ 均相等,即

$$\mathrm{d}y_{k+1} = \cdots = \mathrm{d}y_n = -\tan\beta \cdot \mathrm{d}x = -\frac{h}{b}\mathrm{d}x$$

此时,有

$$\mathrm{d}M_C = \left[(P_1 + P_2 + \cdots + P_k)\frac{h}{a} - (P_{k+1} + \cdots + P_n)\frac{h}{b}\right]\mathrm{d}x$$

$$\frac{\mathrm{d}M_C}{\mathrm{d}x} = \left(\sum_{i=1}^{k} P_i\right)\frac{h}{a} - \left(\sum_{i=k+1}^{n} P_i\right)\frac{h}{b} = \left(\sum P_{左} + P_k\right)\frac{h}{a} - \left(\sum P_{右}\right)\frac{h}{b}$$

式中　$\sum P_{左}$——$P_k$ 左边的荷载总和;

$\sum P_{右}$——$P_k$ 右边的荷载总和。

上式表明,量值 $M_C$ 是荷载位置的一次函数,且当某个集中荷载经过 $C$ 截面时,$C$ 截面左右两侧的荷载个数发生改变,因此 $\dfrac{\mathrm{d}M_C}{\mathrm{d}x}$ 变化,即直线的斜率改变;而没有集中荷载经过 $C$ 截面时,$C$ 截面左右两侧的荷载个数不变,因此 $\dfrac{\mathrm{d}M_C}{\mathrm{d}x}$ 不变,即直线的斜率不变。

若要使量值 $M_C$ 取最大值,必要条件就是某个集中荷载经过 $C$ 截面。当然这只是必要条件,因为只有当某个集中荷载经过 $C$ 截面时,$\dfrac{\mathrm{d}M_C}{\mathrm{d}x}$ 才会发生改变。如图 9-21(c)所示,只有在图示的三种情况下,量值 $M_C$ 才能取极大值,也就是需要满足下面两个条件。

当集中荷载 $P_k$ 从 $C$ 截面左侧移向 $C$ 截面时,$\dfrac{\mathrm{d}M_C}{\mathrm{d}x} \geqslant 0$,即

$$\frac{\left(\sum P_{左} + P_k\right)}{a} \geqslant \frac{\left(\sum P_{右}\right)}{b}$$

当集中荷载 $P_k$ 从 $C$ 截面移向 $C$ 截面右侧时, $\dfrac{\mathrm{d}M_C}{\mathrm{d}x} \leqslant 0$, 即

$$\frac{\left(\sum P_左\right)}{a} \leqslant \frac{\left(P_k + \sum P_右\right)}{b}$$

当集中荷载 $P_k$ 满足了第一个不等式,表示 $P_k$ 由 $C$ 截面左侧移至 $C$ 截面时, $M_C$ 是增加的;当集中荷载 $P_k$ 满足了第二个不等式,表示 $P_k$ 由 $C$ 截面移至 $C$ 截面右侧时, $M_C$ 是减少的;当两个不等式均满足时,表示当 $P_k$ 作用在 $C$ 截面时, $M_C$ 取极大值,此时 $P_k$ 称为临界荷载。若只有一个临界荷载,那此时荷载位置就是最不利荷载位置;若存在两个或两个以上的临界荷载,在这些临界荷载中,使 $M_C$ 取最大值的荷载位置就是最不利荷载位置。

不失一般性,可将 $M_C$ 换成任一量值 $S$。需注意的是,此方法只适用于这种三角形形式的影响线。

以此类推,当求某量值的极小值时,确定临界荷载 $P_k$ 的不等式应为

$$\frac{\left(\sum P_左 + P_k\right)}{a} \leqslant \frac{\left(\sum P_右\right)}{b}$$

$$\frac{\left(\sum P_左\right)}{a} \geqslant \frac{\left(P_k + \sum P_右\right)}{b}$$

同理,若有两个或两个以上的临界荷载,在这些临界荷载中,使 $M_C$ 取最小值的荷载位置就是最不利荷载位置。

**【例 9 – 12】**　图 9 – 22(a)所示一简支梁 $AB$,有两台间距不变的起重机在梁上通过,每台起重机有六个轮子,轮重为 216 kN,轮间距如图 9 – 22(b)所示,两台起重机间距为 1.5 m。求 $C$ 截面弯矩 $M_C$ 的最大值及相应的最不利荷载位置。

**【解】**　设第一台起重机的六个轮重分别为 $P_{11}$,$P_{12}$,$P_{13}$,$P_{14}$,$P_{15}$,$P_{16}$;第二台起重机的六个轮重分别为 $P_{21}$,$P_{22}$,$P_{23}$,$P_{24}$,$P_{25}$,$P_{26}$。两台起重机依次从梁上通过,当第一台起重机的前三个轮子在梁上时,其他的轮子应未在梁上;同理当第二台起重机的后三个轮子在梁上时,其他的轮子应该已从此梁通过,显然比其他轮子在梁上时更有利。因此,不需对 $P_{11}$,$P_{12}$,$P_{13}$ 及 $P_{24}$,$P_{25}$,$P_{26}$ 进行试算。下面分别对其他六个荷载进行试算。

(1) $P_{14}$(图 9 – 22(c))

当 $P_{14}$ 在 $C$ 截面左侧时, $P_{21}$ 应该还未上来,所以 $C$ 截面左侧有三个轮重,即为 $3P$,右侧轮重为 0,因此第一个不等式应为

$$\frac{3P}{3} > \frac{0}{4}$$

上式表明 $P_{14}$ 满足第一个不等式,说明从 $C$ 截面左侧向 $C$ 截面移动时, $M_C$ 是增加的。

当 $P_{14}$ 在 $C$ 截面右侧时, $P_{21}$ 应该在梁上,所以 $C$ 截面左侧有三个轮重,即为 $3P$,右侧轮重为 $P$,因此第二个不等式应为

$$\frac{3P}{3} > \frac{P}{4}$$

上式表明 $P_{14}$ 不满足第二个不等式,说明从 $C$ 截面向 $C$ 截面右侧移动时, $M_C$ 仍是增加的。

因此, $P_{14}$ 不是临界荷载。

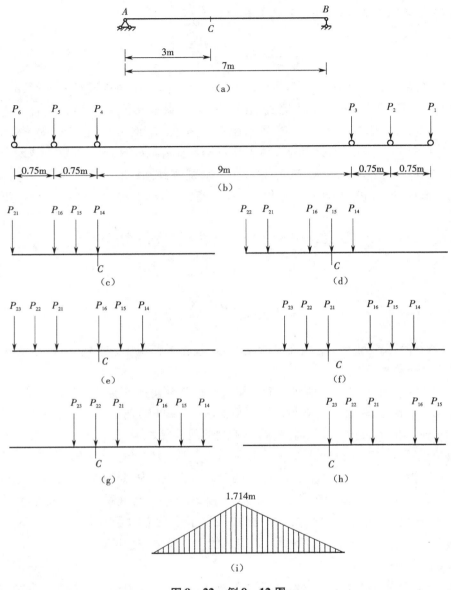

图 9-22　例 9-12 图

（2）$P_{15}$（图 9-22(d)）

当 $P_{15}$ 在 $C$ 截面左侧时，$P_{22}$ 应该还未上来，所以 $C$ 截面左侧有三个轮重，即为 $3P$，右侧轮重为 $P$，因此第一个不等式应为

$$\frac{3P}{3} > \frac{P}{4}$$

上式表明 $P_{15}$ 满足第一个不等式，说明从 $C$ 截面左侧向 $C$ 截面移动时，$M_C$ 是增加的。

当 $P_{15}$ 在 $C$ 截面右侧时，$P_{22}$ 应该在梁上，所以 $C$ 截面左侧有三个轮重，即为 $3P$，右侧轮重为 $2P$，因此第二个不等式应为

$$\frac{3P}{3} > \frac{2P}{4}$$

上式表明 $P_{15}$ 不满足第二个不等式,说明从 $C$ 截面向 $C$ 截面右侧移动时,$M_C$ 仍是增加的。

因此,$P_{15}$ 不是临界荷载。

(3) $P_{16}$(图 9 - 22(e))

当 $P_{16}$ 在 $C$ 截面左侧时,$P_{23}$ 应该还未上来,所以 $C$ 截面左侧有三个轮重,即为 $3P$,右侧轮重为 $2P$,因此第一个不等式应为

$$\frac{3P}{3} > \frac{2P}{4}$$

上式表明 $P_{16}$ 满足第一个不等式,说明从 $C$ 截面左侧向 $C$ 截面移动时,$M_C$ 是增加的。

当 $P_{16}$ 在 $C$ 截面右侧时,$P_{23}$ 应该在梁上,所以 $C$ 截面左侧有三个轮重,即为 $3P$,右侧轮重为 $3P$,因此第二个不等式应为

$$\frac{3P}{3} > \frac{3P}{4}$$

上式表明 $P_{16}$ 不满足第二个不等式,说明从 $C$ 截面向 $C$ 截面右侧移动时,$M_C$ 仍是增加的。

因此,$P_{16}$ 不是临界荷载。

(4) $P_{21}$(图 9 - 22(f))

当 $P_{21}$ 在 $C$ 截面左侧时,$C$ 截面左侧有三个轮重,即为 $3P$,右侧轮重为 $3P$,因此第一个不等式应为

$$\frac{3P}{3} > \frac{3P}{4}$$

上式表明 $P_{21}$ 满足第一个不等式,说明从 $C$ 截面左侧向 $C$ 截面移动时,$M_C$ 是增加的。

当 $P_{21}$ 在 $C$ 截面右侧时,$C$ 截面左侧有两个轮重,即为 $2P$,右侧轮重为 $4P$,因此第二个不等式应为

$$\frac{2P}{3} < \frac{4P}{4}$$

上式表明 $P_{21}$ 满足第二个不等式,说明从 $C$ 截面向 $C$ 截面右侧移动时,$M_C$ 是减小的。

因此,$P_{21}$ 是临界荷载。

(5) $P_{22}$(图 9 - 22(g))

当 $P_{22}$ 在 $C$ 截面左侧时,$C$ 截面左侧有两个轮重,即为 $2P$,右侧轮重为 $4P$,因此第一个不等式应为

$$\frac{2P}{3} < \frac{4P}{4}$$

上式表明 $P_{22}$ 不满足第一个不等式,说明 $P_{22}$ 不是临界荷载。

(6) $P_{23}$(图 9 - 22(h))

当 $P_{23}$ 在 $C$ 截面左侧时,$C$ 截面左侧有一个轮重,即为 $P$,右侧轮重为 $4P$,因此第一个不等式应为

$$\frac{P}{3} < \frac{4P}{4}$$

上式表明 $P_{23}$ 不满足第一个不等式,说明 $P_{23}$ 不是临界荷载。

为了书写简洁,可以采用表 9 - 1 所示表格的形式进行验算。

表 9 - 1　例 9 - 12 表

| 试算荷载 | $P_{14}$ | $P_{15}$ | $P_{16}$ | $P_{21}$ | $P_{22}$ | $P_{23}$ |
|---|---|---|---|---|---|---|
| 第一不等式 | $\dfrac{3P}{3} > \dfrac{0}{4}$ | $\dfrac{3P}{3} > \dfrac{P}{4}$ | $\dfrac{3P}{3} > \dfrac{2P}{4}$ | $\dfrac{3P}{3} > \dfrac{3P}{4}$ | $\dfrac{2P}{3} < \dfrac{4P}{4}$ | $\dfrac{P}{3} < \dfrac{4P}{4}$ |
| 第二不等式 | $\dfrac{3P}{3} > \dfrac{P}{4}$ | $\dfrac{3P}{3} > \dfrac{2P}{4}$ | $\dfrac{3P}{3} > \dfrac{3P}{4}$ | $\dfrac{2P}{3} < \dfrac{4P}{4}$ | $\dfrac{2P}{3} < \dfrac{4P}{4}$ | |
| 判断临界荷载 | 否 | 否 | 否 | 是 | 否 | 否 |

从以上分析或表 9 - 1 可以看出，只有 $P_{21}$ 是临界荷载，所以此时的荷载位置为最不利荷载位置。从图 9 - 22(i) 的 $M_C$ 影响线图中求出此时六个荷载所处位置相应的竖标值。六个荷载分别为 $P_{14}$、$P_{15}$、$P_{16}$、$P_{21}$、$P_{22}$ 和 $P_{23}$，对应的竖标值分别为 0.429 m、0.750 m、1.071 m、1.714 m、1.286 m 和 0.875 m。此时 $M_C$ 的最大值

$$(M_C)_{\max} = P(0.429 + 0.750 + 1.071 + 1.714 + 1.286 + 0.875) = 1\ 323(\text{kN} \cdot \text{m})$$

# 9.8　用影响线求简支梁的绝对最大弯矩

当荷载移动时，简支梁的最大弯矩值就是此梁的绝对最大弯矩。以一系列集中荷载为例，当荷载移动时，梁的任一截面弯矩均随着荷载移动而改变，因此每个截面均存在一个最大值，而这些最值中最大的那个值就是简支梁的绝对最大弯矩。求此绝对最大弯矩的难点是所在截面的位置是未知的，也就是说事先并不知道哪个截面弯矩会取得绝对最大值。

根据上节所述可知，若要使某截面弯矩取最大值，一定是某个集中荷载位于此截面上。因此，可以跟踪某个集中荷载，使此荷载所在截面弯矩取最大值，并求出此值。如图 9 - 23 所示，设梁上有 $n$ 个集中荷载，那么就存在 $n$ 个这样的最大值，将这些值进行比较，找出最大的那个值，就是此梁的绝对最大弯矩。

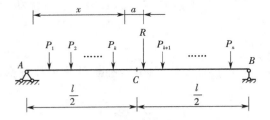

图 9 - 23　梁的绝对最大弯矩

如图 9 - 23 所示，选定荷载 $P_k$，求出当荷载移动时，$P_k$ 所在截面的弯矩最大值。设 $P_k$ 距离 $A$ 端为 $x$，梁上所有荷载的合力为 $R$，$R$ 与 $P_k$ 的距离为 $a$，$A$ 端的支座反力

$$R_A = \frac{R(l - x - a)}{l}$$

此时，$P_k$ 所在截面的弯矩

$$M_k = R_A \cdot x - M_{k左} = \frac{R(l - x - a)}{l} \cdot x - M_{k左}$$

式中　$M_{k左}$——$P_k$ 左侧的荷载对 $P_k$ 作用点的力矩和，此值不随 $x$ 而改变。

为了使 $M_k$ 取最大值,极值条件为

$$\frac{dM_k}{dx} = 0$$

将 $M_k$ 的表达式代入上式,得

$$x = \frac{l-a}{2}$$

$$(M_k)_{max} = \frac{R}{l}\left(\frac{l-a}{2}\right)^2 - M_{k左}$$

由上式可知,当 $P_k$ 与合力 $R$ 相对于梁中线两侧对称时,$M_k$ 取最大值。

　　应用上述方法求梁的绝对最大弯矩时,若梁上有 $n$ 个集中荷载,需求出 $n$ 个最大值,再进行比较。当荷载个数较多时,计算非常麻烦。而根据实际经验,梁的绝对最大弯矩位置一般位于梁的跨中附近,因此选定梁的中点,确定此截面处的临界荷载,再移动此荷载,使其与合力 $R$ 位于梁的中线对称位置。如果只有一个临界荷载,那么此位置就是取得绝对最大弯矩的位置;对于梁的中点来说,若存在两个或两个以上的临界荷载,那么还需重复上述步骤,并找出最大值。

　　采用这种方法,可将 $n$ 个荷载进行筛选,先选定对梁的中点弯矩的临界荷载,再计算最大值。这样进行计算比对 $n$ 个荷载都求出弯矩最大值要简便得多。

　　【例9-13】　图9-24(a)所示一跨长 10 m 的简支梁,梁上有三个集中荷载 $P_1,P_2,P_3$ 在移动。求此梁的绝对最大弯矩。

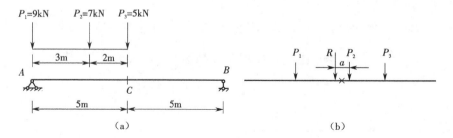

图9-24　例9-13图

　　【解】　首先确定对跨中截面 $C$ 弯矩的临界荷载。
　　根据确定临界荷载的原则,得表9-2。

表9-2　例9-13表

| 试算荷载 | $P_1$ | $P_2$ | $P_3$ |
| --- | --- | --- | --- |
| 第一不等式 | $\frac{9}{5} < \frac{12}{5}$ | $\frac{16}{5} > \frac{5}{5}$ | $\frac{12}{5} > \frac{0}{5}$ |
| 第二不等式 | | $\frac{9}{5} < \frac{12}{4}$ | $\frac{16}{5} > \frac{5}{5}$ |
| 判断临界荷载 | 否 | 是 | 否 |

　　由上表可知,$P_2$ 是临界荷载,移动荷载,使 $P_2$ 与合力 $R$ 相对于梁中线位于对称位置。

此时 $P_2$ 所处的位置就是使梁取绝对最大弯矩的截面,如图 9 – 24(b)所示。

所有荷载的合力

$$R = 9 + 7 + 5 = 21(\text{kN})$$

$P_2$ 与合力 $R$ 的间距

$$a = \frac{P_1 \cdot 3 - P_3 \cdot 2}{R} = 0.81(\text{m})$$

此时,$P_2$ 距 $A$ 点的距离

$$x = \frac{l - a}{2} = 4.60(\text{m})$$

此梁的绝对最大弯矩

$$(M_2)_{\max} = \frac{21}{10} \times 4.6^2 - 5 \times 2 = 34.44(\text{kN} \cdot \text{m})$$

## 9.9　简支梁的内力包络图

设计吊车梁和桁架桥梁时,需要知道各截面处内力的最大值。根据 9.7 节所述,可确定各截面内力的最不利荷载位置,从而求出内力的最大值(或最小值)。将各截面内力的最大值用光滑的曲线连起来,就是内力的包络图,包括弯矩包络图和剪力包络图。内力包络图对梁的设计是非常重要的。下面以单个集中力在梁上移动为例,说明内力包络图的做法。

1. 弯矩包络图

如图 9 – 25(a)所示,集中力 $P$ 在 $AB$ 梁上移动,对于任一截面 $C$,$M_C$ 的影响线如图 9 – 25(b)所示。可以看出,当集中力 $P$ 作用在 $C$ 截面时,$M_C$ 取最大值,其值为 $\dfrac{ab}{l}$。

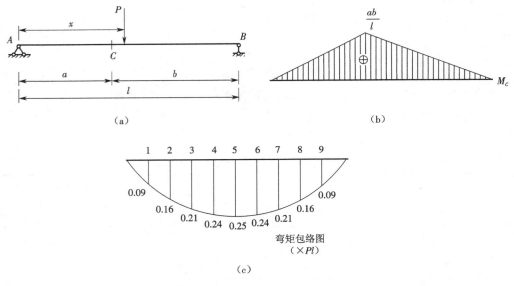

（a）　　　　　　　　　　　　　　　　（b）

（c）

图 9 – 25　弯矩包络图

现将梁分成 10 等份，求出每个等分点处的弯矩最大值，见表 9 – 3。

表 9 – 3　梁等分点处的弯距最大值

| 等分点 | 1 | 2 | 3 | 4 | 5 | 6 | 7 | 8 | 9 |
|---|---|---|---|---|---|---|---|---|---|
| 弯矩值 | 0.09Pl | 0.16Pl | 0.21Pl | 0.24Pl | 0.25Pl | 0.24Pl | 0.21Pl | 0.16Pl | 0.09Pl |

根据表 9 – 3 绘制出弯矩包络图，如图 9 – 25(c) 所示。

2. 剪力包络图

如图 9 – 26(a) 所示，集中力 $P$ 在 $AB$ 梁上移动，对于任一截面 $C$，$Q_C$ 的影响线如图 9 – 26(b) 所示。可以看出，当集中力 $P$ 作用在 $C$ 截面时，$Q_C$ 取最大值 $\frac{b}{l}$ 及最小值 $-\frac{a}{l}$。

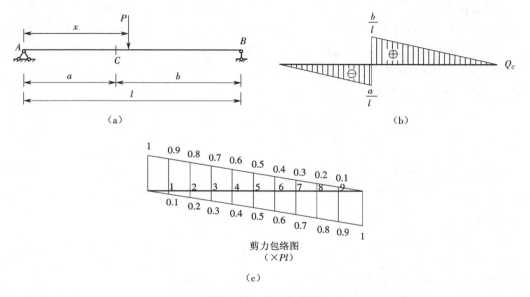

图 9 – 26　剪力包络图

现将梁分成 10 等份，求出每个等分点处的剪力最大值及最小值，见表 9 – 4。

表 9 – 4　梁等分点处剪力的最大值及最小值

| 等分点 | 1 | 2 | 3 | 4 | 5 | 6 | 7 | 8 | 9 |
|---|---|---|---|---|---|---|---|---|---|
| $(Q_C)_{\max}$ | 0.9P | 0.8P | 0.7P | 0.6P | 0.5P | 0.4P | 0.3P | 0.2P | 0.1P |
| $(Q_C)_{\min}$ | – 0.1P | – 0.2P | – 0.3P | – 0.4P | – 0.5P | – 0.6P | – 0.7P | – 0.8P | – 0.9P |

根据表 9 – 4 绘制出剪力包络图，如图 9 – 26(c) 所示。

## 9.10　用机动法确定超静定梁影响线的轮廓

前几节讲述的是静定梁的影响线及其应用。对于静定梁，作其影响线有两种方法：静力法和机动法。用静力法作影响线时，需列出影响线方程。此方法原则上也能用于超静定梁，但是对于超静定梁，不能简单地由静力平衡方程求出某量值，某量值与单位力的位置 $x$ 间通常是非线性关系，即影响线方程一般是非线性方程。

而实际的建筑结构（如多跨桥梁），作用在梁上的活载通常是可任意分布的均布荷载。因此，只要确定了影响线的轮廓，就能知道其最不利荷载位置，由此就可求出最大值。而采用机动法就可确定超静定梁的影响线轮廓。

如图 9 – 27（a）所示一多跨超静定梁，单位力在梁上移动，确定支座 $B$ 反力的影响线轮廓。首先去掉支座 $B$，用反力 $R_B$ 代替。这时结构就由三次超静定结构变成了两次超静定梁，此结构为原结构的基本结构，如图 9 – 27（b）所示。设此结构受到 $R_B = 1$ 的作用，此时与 $R_B = 1$ 相应的虚位移为 $\delta_{RB}$，单位力作用点处的虚位移为 $\delta_{PB}$，如图 9 – 27（c）所示。再令基本结构受到单位力的作用，此时 $B$ 点的位移为 $\delta_{BP}$，如图 9 – 27（d）所示。根据力法原理，由原结构 $B$ 截面处的竖向位移为零，得

$$\delta_{RB}R_B + \delta_{BP} = 0$$

$$R_B = -\frac{\delta_{BP}}{\delta_{RB}}$$

比较图 9 – 27（c）与（d），由位移互等定理可知

$$\delta_{BP} = \delta_{PB}$$

所以有

$$R_B = -\frac{\delta_{BP}}{\delta_{RB}} = -\left(\frac{1}{\delta_{RB}}\right)\delta_{PB}$$

上式表明，图 9 – 27（c）所示的虚位移图就是 $R_B$ 影响线的轮廓。

用同样方法可确定 $M_B$ 影响线的轮廓。去掉与 $M_B$ 相应的约束，即去掉 $B$ 支座的转角约束，将此结构作为原结构的基本结构，并在铰的两侧施加一对单位力偶，使基本结构在此单位力偶作用下发生虚位移，此虚位移图就是 $M_B$ 影响线的轮廓，如图 9 – 27（e）所示。

若要求支座 $B$ 右侧的剪力影响线，去掉与 $Q_B$ 相应的约束，即去掉 $B$ 支座的竖向约束，将此结构作为原结构的基本结构，并施加一对竖向单位力，使基本结构在此单位力作用下发生虚位移，此虚位移图就是 $Q_B$ 影响线的轮廓，如图 9 – 27（f）所示。

假设此超静定梁上有任意分布的均布荷载，荷载集度为 $q$。由图 9 – 27（e）可知，当均布荷载布满第三跨时，与均布荷载对应的影响线面积取最大，所以此荷载位置就是 $(M_B)_{max}$ 的最不利荷载位置，如图 9 – 27（g）所示。而当均布荷载布满第一、二和四跨时，与均布荷载对应的影响线面积取最小，所以此荷载位置就是 $(M_B)_{min}$ 的最不利荷载位置，如图 9 – 27（h）所示。知道了最不利荷载位置，就容易求出最大值（最小值）了。

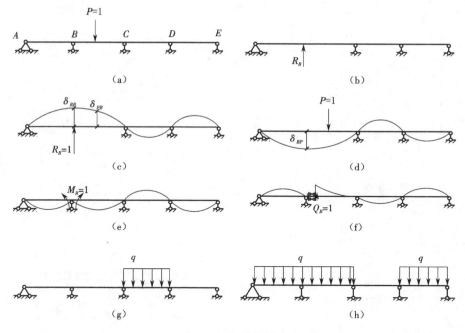

**图 9 - 27　用机动法作超静定梁影响线轮廓**

# 习题

9.1 - 9.4　绘制图示结构中指定量值的影响线。

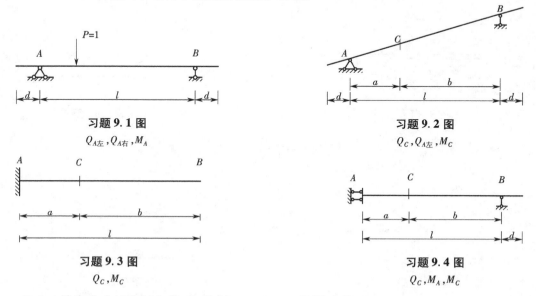

**习题 9.1 图**
$Q_{A左}, Q_{A右}, M_A$

**习题 9.2 图**
$Q_C, Q_{A左}, M_C$

**习题 9.3 图**
$Q_C, M_C$

**习题 9.4 图**
$Q_C, M_A, M_C$

9.5　单位力在 $BC$ 杆上移动,绘制 $R_A, M_C, Q_C$ 的影响线。

9.6　单位力在 $DE$ 杆上移动,绘制 $R_B, M_C, Q_C$ 的影响线。

9.7　单位力在 $AB$ 杆上移动,绘制 $BC$ 杆轴力 $N_{BC}$ 的影响线。

9.8　图示主梁受间接荷载作用,绘制 $M_F, Q_F$ 的影响线。

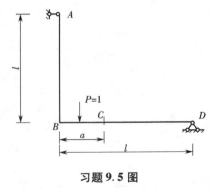

习题 9.5 图

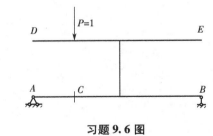

习题 9.6 图

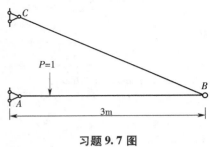

习题 9.7 图

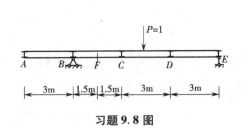

习题 9.8 图

9.9 图示主梁受间接荷载作用,绘制 $M_G$,$Q_{D左}$ 的影响线。

9.10 单位力在 $AC$ 杆上移动,绘制 $BD$ 杆轴力 $N_{BD}$ 及 $B$ 截面弯矩 $M_B$ 的影响线。

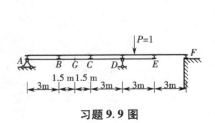

习题 9.9 图

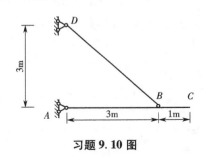

习题 9.10 图

9.11 作图示多跨静定梁的 $M_C$,$Q_D$ 影响线。

9.12 作图示多跨静定梁的 $Q_{B右}$,$R_E$ 影响线。

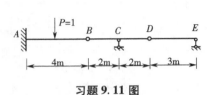

习题 9.11 图

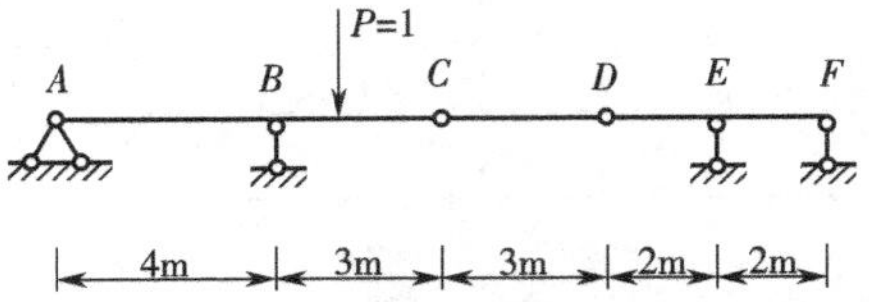

习题 9.12 图

9.13 作图示多跨静定梁的 $M_G$,$Q_G$,$R_C$ 影响线。

9.14 图示桁架结构,当单位力在上、下弦杆上移动时,分别作出 $N_{HC}$,$N_{GC}$,$N_{BC}$,$N_{GH}$ 影响线。

9.15 图示桁架结构,当单位力在下弦杆上移动时,分别作出 $N_{HD}$,$N_{CD}$,$N_{JD}$ 影响线。

9.16 图示桁架结构,当单位力在下弦杆上移动时,分别作出 $N_{BC}$,$N_{GC}$,$N_{JK}$ 影响线。

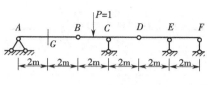

习题 9.13 图

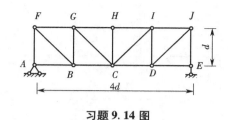

习题 9.14 图

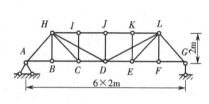

习题 9.15 图

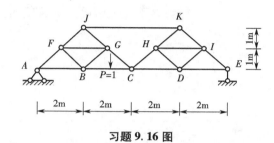

习题 9.16 图

9.17　图示桁架结构,当单位力在上、下弦杆上移动时,分别作出 $N_{GC}$,$N_{BC}$,$N_{BG}$ 影响线。

9.18　图示悬臂梁,受到任意布置的均布荷载 1 kN/m 及移动集中荷载 10 kN 作用,求 $A$ 截面最大弯矩和 $C$ 截面最大正剪力。

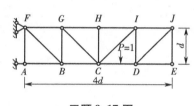

习题 9.17 图

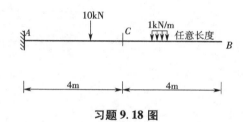

习题 9.18 图

9.19　图示桁架结构,下弦杆上有两个间距不变的集中荷载在移动,试作出 $CD$ 杆的轴力影响线,并求出 $CD$ 杆的轴力最大值。

9.20　图示简支梁,受到一组移动的集中荷载作用,求 $C$ 截面弯矩 $M_C$ 的最不利荷载位置及 $M_C$ 的最大值。

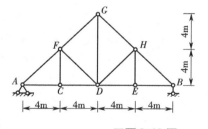

习题 9.19 图

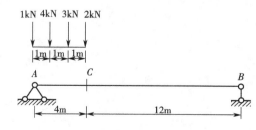

习题 9.20 图

9.21　图示伸臂梁,$AB$ 段长为 $l$,单位力 $P$ 在伸臂梁上移动,试确定 $AC$ 段长度 $a$,使 $A$ 截面弯矩最大值与 $AB$ 跨中截面 $C$ 弯矩 $M_C$ 最大值相等。

9.22　图示伸臂梁,受到集中荷载及均布荷载作用,求 $M_C$。

9.23　图示静定梁,受到一组移动集中荷载作用,求 $B$ 支座的反力 $R_B$ 的最大值。

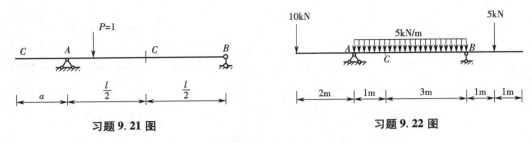

习题 9.21 图　　　　　　　　　习题 9.22 图

9.24　吊车梁 *AB* 上的两台吊车的轮压如图所示,求此梁的绝对最大弯矩。

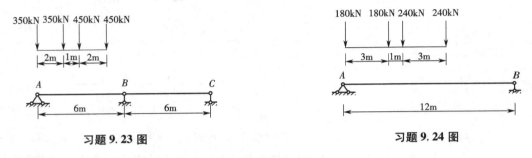

习题 9.23 图　　　　　　　　　习题 9.24 图

9.25　作出图示连续梁的 $R_B$,$M_K$,$Q_K$ 影响线的轮廓。

习题 9.25 图

## 部分习题答案

| | | |
|---|---|---|
| 9.18　112 kN·m,14 kN | 9.20　27.5 kN·m | 9.22　−8.75 kN·m |
| 9.23　1 216.67 kN | 9.24　1 710.8 kN·m | |

# 第 10 章　结构的动力计算

前面各章节讲述的是结构的静力计算,即作用在结构上的荷载为静荷载,在荷载的作用下,结构的内力及位移均不随时间而变。而本章将讨论由动荷载所引起的结构的动力响应。按照动力计算问题的分类,首先讲述单自由度及多自由度体系的自由振动的求解,然后介绍结构在动荷载作用下的强迫振动的计算方法。

## 10.1　概述

### 1. 动力计算的特点

结构在动荷载或某种扰动作用下发生振动,使结构产生加速度,由此引出惯性力。结构的内力及位移均随着时间而变。所谓动荷载,是指荷载的大小、方向或作用位置随时间迅速变化的荷载。这种变化不一定是周期变化,即便是无规则、无规律变化的荷载,只要随时间而变,并引起结构产生明显加速度的均是动荷载,如公路汽车荷载、机器设备振动荷载、波浪力、地震力、风荷载等。而静荷载是指作用在结构上的荷载不随时间而变或是缓慢变化的荷载,在加载时不使结构产生明显的加速度,相应的惯性力也近似为零。因此,区分动荷载与静荷载应以是否使结构产生明显的加速度为标志。

在动力计算问题中,结构的内力及位移均随时间而变,构成动内力和动位移。结构的动内力及动位移统称为结构的动力响应或动力反应。根据达朗贝尔原理,在结构的动力计算中引入惯性力的概念,对于任一时刻,惯性力与外荷载及支座反力在形式上构成一组平衡力系。于是可以按照前面讲述的静力计算方法求解此时刻的动内力及动位移。这种计算方法称为动静法。动静法是求解结构动力响应的基本方法。

### 2. 动力计算问题的分类

动力计算问题分为两大类:自由振动和强迫振动。

在某种扰动下起振,振动过程中没有动荷载的作用,即只有一定的初位移或初速度,而动荷载为零,这样的振动称为自由振动。

强迫振动是指在振动过程中,有动荷载的作用。如建筑物在爆炸产生的冲击荷载作用下产生的振动就是强迫振动。但是此冲击荷载作用的时间很短,过后建筑物的振动应属于自由振动。

强迫振动问题的求解是以自由振动的解为基础的。因此,本章先讲解结构自由振动,然后讲解强迫振动。

### 3. 常见的动力荷载

动力荷载分为确定性荷载和随机荷载。所谓确定性荷载,是指荷载能描述成时间的函数形式。随机荷载则不能描述成时间的函数形式。常见的动力荷载如下。

1)简谐性周期荷载

简谐性周期荷载是指荷载随时间按正弦或余弦形式变化。如图 10-1(a)所示,一台电动机作用在梁上,以角速度 $\theta$ 作匀速旋转。由于构造原因存在偏心质量 $m'$,距离转动轴的距离为 $e$,则由偏心质量旋转产生的离心力为

$$P = m'\omega^2 e$$

而在 $t$ 时刻,偏心质量的旋转角为 $\theta t$,将离心力按水平向及竖向进行分解,其水平向及竖向分力分别为

$$P_x(t) = P\cos\theta t = m'\omega^2 e\cos\theta t$$
$$P_y(t) = P\sin\theta t = m'\omega^2 e\sin\theta t$$

可以看出竖向分力 $P_y(t)$ 及水平向分力 $P_x(t)$ 随时间按正弦及余弦形式变化,是简谐性周期荷载,如图 10-1(b)所示。

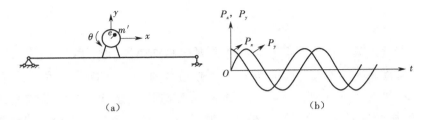

（a）　　　　　　　　　　　（b）

**图 10-1　简谐性周期荷载**

2)周期撞击荷载

打桩时落锤撞击所产生的荷载就是一种周期撞击荷载,如图 10-2 所示。

3)冲击荷载

爆炸产生的冲击力就是一种冲击荷载。此类荷载的特点是作用的时间很短,如图10-3所示。

**图 10-2　周期撞击荷载**　　　　　　　　　**图 10-3　冲击荷载**

4)突加常值荷载

突加常值荷载是指荷载突然作用在结构上,并且较长时间作用在结构上。如起重机起吊重物时产生的荷载,如图 10-4 所示。

前四种动力荷载均能写成时间的函数形式,因此是确定性荷载。

5)脉动风压

当风力较强时,某一高度处的风压值围绕一均值作随机变化,如图 10-5 所示。均值称为稳定风压 $P_0$,而随机变化的风压称为脉动风压 $P_1(t)$。任一时刻,总的风压 $P(t) = P_0 + P_1(t)$。

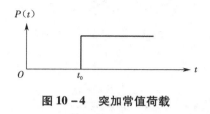

**图 10 - 4　突加常值荷载**

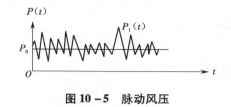

**图 10 - 5　脉动风压**

6）地震荷载

地震时,由于基础运动使得上部结构发生振动,此类荷载称为地震荷载。图 10 - 6 所示是一种 EL - Centrol 波的加速度时程曲线,可以看出是一种随机的形式。

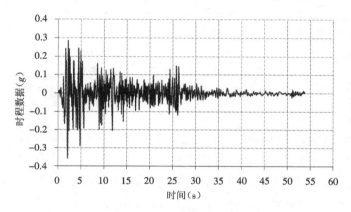

**图 10 - 6　EL - Centrol 波的加速度时程曲线**

后两种动力荷载不能写成时间的函数形式,因此是随机荷载。

## 10.2　动力自由度及阻尼力

1. 动力自由度

上一节曾提到,根据达朗贝尔原理,在任一时刻引入惯性力,惯性力与外荷载及支座反力在形式上构成一组平衡力系。于是可以按照前面讲述的静力计算方法求解此时刻的动内力及动位移。而在计算惯性力时,需要考虑结构的质量。实际上,对于任一杆件,质量都是连续分布的。如图 10 - 7(a)所示,梁的线密度为 $\bar{m}$,如果将它分成若干个小微段,每一个小微段长度为 $dx$,则每一小微段的质量为 $\bar{m}dx$(图 10 - 7(b)),若此处的加速度为 $\ddot{y}$,那么由这一微小质量引起的惯性力为 $-\bar{m}dx\ddot{y}$。要想精确地确定整根梁的惯性力,需要将它划分为无限多个小微段,那么惯性力的个数也就无限多。这样必定造成计算上的困难,因此需要采用一种简化的计算方法。简化的方法有两种:一种是将整根梁的质量集中到有限个质点上,这样惯性力的个数也就是有限的,这种方法称为质点法;另一种方法是将任一时刻梁的位移表示成有限个已知位移函数的组合形式,那样变量就是位移函数的组合系数,这种方法称为广义坐标法。

1）质点法

对于图 10 - 7(a)中的杆件,可以考虑将它分成三等份,每一等份的质量都集中到两端,

如图 $10-7(c)$所示。这样整根杆件的质量就集中到四个质点上,中间两个质点的质量均为 $\dfrac{\overline{m}l}{3}$,左右支座处的质点质量为 $\dfrac{\overline{m}l}{6}$。因为支座的位移为零,因此实际上振动时只有中间两个质点处有惯性力。

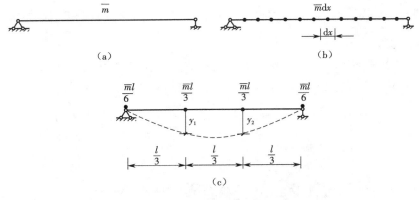

图 10 – 7　质量的简化

在结构的动力计算中,结构体系全部质点的独立位移的个数称为结构的动力自由度,也可定义为确定体系全部质点的几何位置所需要的独立变量的个数。体系的动力自由度数决定了应该建立的运动方程的个数。因此,确定结构的动力自由度数是非常重要的。

在此仍然假定对于受弯杆件,忽略轴向变形,因此在变形后杆件两端的距离不变。如图 $10-7(c)$所示,整个体系有四个质点,只有中间两个质点存在竖向位移,而且是独立位移,因此这个体系的动力自由度数是 2。

如图 $10-7(a)$所示,假设忽略杆件的质量,只考虑电动机的质量,则此体系只有一个质点,独立的位移只有一个,如图 $10-8$ 所示。此体系的动力自由度数是 1。

如图 $10-9$ 所示,若杆件是刚性杆,$EI=\infty$,虽然结构有两个质点,且都有竖向位移即 $y_1,y_2$,但是 $y_1,y_2$ 不是独立的,所以体系的动力自由度数是 1。

图 10 – 8　单自由度体系 1　　　　　　　　　　图 10 – 9　单自由度体系 2

如图 $10-10$ 所示,体系有 1 个质点,此质点有两个方向的位移 $y_1,y_2$,而且 $y_1,y_2$ 是独立的,因此体系的动力自由度数是 2。

对于多层刚架,通常将梁及柱子的质量平分到杆的两端。如图 $10-11$ 所示,刚架体系有四个质点,均分布在结点上。对于受弯的杆件,忽略轴向变形,因此四个质点只有水平位移,并且两两相等,即 $y_1=y_2,y_3=y_4$,体系的动力自由度数是 2。

如图 $10-12$ 所示,刚架的梁及柱子的质量平分到杆的两端。刚架体系有三个质点,均分布在结点上。若要确定三个质点的几何位置需要两个独立的位移变量。体系的动力自由度数是 2。

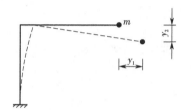

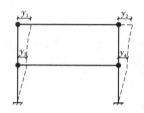

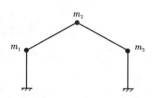

图 10 - 10　两个自由度体系　　图 10 - 11　两个自由度体系　　图 10 - 12　两个自由度体系

2）广义坐标法

广义坐标法是对体系动力自由度简化的另外一种方法。可将体系的振动曲线方程假设为以下的形式：

$$y(x) = \sum_{i=1}^{n} c_i \varphi_i(x)$$

式中　$\varphi_i(x)$——已知的位移函数；

$c_i(i = 1, 2, \cdots, n)$——待定系数，称为广义坐标，这 $n$ 个待定系数决定了体系的几何位置，因此体系的动力自由度数是 $n$。

2. 阻尼力

阻尼是体系振动的另外一种动力特性。图 10 - 13（a）所示是质点作自由振动时不考虑阻尼时的位移时程，图 10 - 13（b）所示是考虑阻尼时的位移时程。从这两个时程图中可以看出，在体系振动过程中，阻尼的表现形式就是位移的衰减。在任一时刻，体系的总能量是体系的变形能与动能之和。而在振幅峰值位置，由于速度为零，所以体系的动能是零，体系的总能量就等于变形能，振幅的减小代表变形能减小，即体系的总能量在减小。因此，阻尼使得体系的总能量耗散，最终耗散为零。

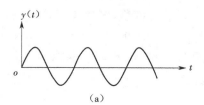

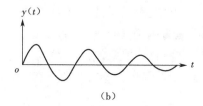

（a）　　　　　　　　　　　　　　　（b）

图 10 - 13　位移时程曲线

阻尼产生的原因有很多，大致可分为两类：一类是结构内部因素，主要是杆件的连接处的摩擦阻力；另一类是外部因素，主要是周围环境对振动的阻力，如空气的阻力、地基土的阻力等。

不管是哪种因素造成的阻尼，对结构的振动来说都是一种阻力，在此统称为阻尼力。阻尼力产生的原因很多，因此关于阻尼力的计算也很复杂，有各种阻尼理论用来计算阻尼力。在此只介绍最简单也是用得最多的阻尼理论——粘滞阻尼理论。对于单自由度体系，阻尼力的计算公式为

$$D(t) = -c\dot{y} = -c \frac{\mathrm{d}y}{\mathrm{d}t}$$

式中　$c$——体系的阻尼系数;

　　　$\dot{y}$——质点的速度。

即体系的阻尼力与质点的速度大小成正比,但方向相反。所以在振动过程中,阻尼力始终做负功,由此造成体系能量的耗散。

# 10.3　单自由度体系的运动方程

### 1.弹簧－质点模型

图 10 – 14(a)所示是一水塔结构,由于水箱的质量远远大于支架的质量,为了简化计算,在此忽略支架的质量而只考虑水箱的质量,即将此体系简化为图 10 – 14(b)所示的单质点体系。此质点只有水平向位移,因此此体系是一单自由度体系。用一水平向放置的弹簧代替支架对质点的约束作用,弹簧的刚度 $k_1$ 等于支架的刚度系数 $k_{11}$,如图 10 – 14(c)所示。支架刚度系数的含义如图 10 – 14(d)所示。图 10 – 14(c)所示的弹簧 – 质点模型代表了所有水平向位移的单自由度体系。

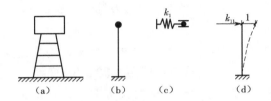

**图 10 – 14　弹簧 – 质点模型(位移为水平方向)**

如图 10 – 15(a)所示,简支梁上作用有一台匀速旋转的电动机。假设电动机的质量远远大于梁的质量,为了简化计算,在此忽略梁的质量而只考虑电动机的质量,即将此体系简化为图 10 – 15(b)所示的单质点体系。此质点只有竖向位移,因此此体系是一单自由度体系。用一竖向放置的弹簧代替梁对质点的约束作用,弹簧的刚度 $k_1$ 等于梁的刚度系数 $k_{11}$,如图 10 – 15(c)所示。梁的刚度系数的含义如图 10 – 15(d)所示。图 10 – 15(c)所示的弹簧 – 质点模型代表了所有竖向位移的单自由度体系。

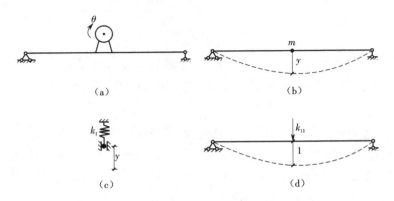

**图 10 – 15　弹簧 – 质点模型(位移为竖直方向)**

2. 无阻尼单自由度体系运动方程

单自由度体系运动方程的推导有两种方法:刚度法和柔度法。

1)刚度法

下面以图 10 – 15(c)所示的弹簧 – 质点模型为例,推导单自由度体系的运动方程。图 10 – 16(a)所示为质点的初始位置;图 10 – 16(b)所示为质点的静平衡位置,即在重力作用下的位置;图 10 – 16(c)所示为 $t$ 时刻质点的位置,$t$ 时刻质点的位移设为 $y(t)$,有

$$y(t) = y_s + y_d(t)$$

式中　$y_s$——在重力 $W$ 作用下的静位移;

　　　$y_d(t)$——从静平衡位置起算的动位移。

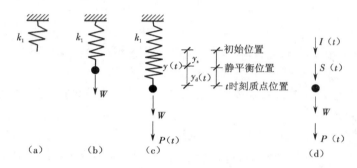

**图 10 – 16　刚度法**

图 10 – 16(d)所示为 $t$ 时刻作用在质点处所有的力,包括重力 $W$、外加荷载 $P(t)$、弹簧的约束力 $S(t)$ 和惯性力 $I(t)$。根据达朗贝尔原理,此时质点处于一种动平衡状态,这四个力构成一平衡力系,即

$$W + P(t) + S(t) + I(t) = 0 \qquad (10 - 1a)$$

根据弹簧刚度的定义,有

$$W = k_1 y_s \quad S(t) = -k_1 y(t) = -k_1(y_s + y_d(t)) \qquad (10 - 1b)$$

由惯性力的定义,有

$$I(t) = -m\ddot{y} = -m\ddot{y}_d(t) \qquad (10 - 1c)$$

将式(10 – 1b)及式(10 – 1c)代入式(10 – 1a),整理得

$$m\ddot{y}_d(t) + k_1 y_d(t) = P(t) \qquad (10 - 1d)$$

上式就是用刚度法推导出的单自由度体系的运动方程。

2)柔度法

用柔度法推导运动方程,需要用到柔度的概念。弹簧的柔度的含义是在单位力作用下质点的位移。图 10 – 17(a)中所示的 $\delta_{11}$ 表示梁的柔度系数,图 10 – 17(b)中所示的 $\delta_1$ 表示弹簧的柔度,且有 $\delta_1 = \delta_{11}$。

设 $t$ 时刻质点对弹簧的作用力为 $S'(t)$,容易看出,$S'(t)$ 与 $S(t)$ 是一对作用力与反作用力,即 $S'(t) = -S(t)$。$t$ 时刻在 $S'(t)$ 作用下质点的位移

$$y(t) = S'(t)\delta_1 = -S(t)\delta_1 \qquad (10 - 2a)$$

根据质点处力的平衡关系,得

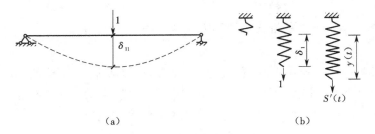

图 10 - 17　柔度法

$$S(t) = -W - P(t) - I(t) \tag{10-2b}$$

根据柔度的定义,有

$$y_s = W\delta_1$$

将式(10 - 2b)、式(10 - 1b)及式(10 - 1c)代入式(10 - 2a),整理得

$$m\delta_1\ddot{y}_d(t) + y_d(t) = \delta_1 P(t) \tag{10-2c}$$

上式就是用柔度法推导的单自由度体系的运动方程。因为弹簧的柔度与刚度间是互为倒数关系,即

$$\delta_1 k_1 = 1$$

所以用刚度法及柔度法推导的运动方程是一致的。可将弹簧的刚度 $k_1$ 换为体系的刚度系数 $k_{11}$,弹簧的柔度 $\delta_1$ 换为体系的柔度系数 $\delta_{11}$。为了书写简便,将质点的动位移 $y_d(t)$ 简写为 $y$,则式(10 - 1d)简写为

$$m\ddot{y} + k_{11}y = P(t) \tag{10-3}$$

式(10 - 2c)简写为

$$m\delta_{11}\ddot{y} + y = \delta_{11}P(t) \tag{10-4}$$

注意式(10 - 3)及式(10 - 4)中的 $y$ 均代表质点的动位移。

【例 10 - 1】　如图 10 - 18(a)所示,刚性杆上有两个质点,质量分别为 $m$ 和 $2m$,弹性支座刚度为 $k$,试写出该体系自由振动时的运动方程。

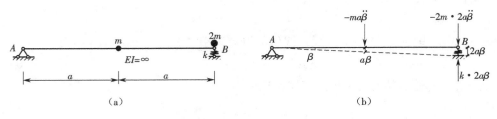

图 10 - 18　例 10 - 1 图

【解】　因为 $AB$ 杆是刚性杆,所以两个质点的位移不是独立的,现用刚度法列此体系的运动方程。

设 $t$ 时刻刚性杆 $AB$ 的旋转角为 $\beta$,$\beta$ 是运动方程的变量。$t$ 时刻作用在刚性杆 $AB$ 上的力有惯性力及弹性支座反力,如图 10 - 18(b)所示。

将所有力对 $A$ 点取矩,由 $\sum M_A = 0$,得

$$a \cdot (-ma\ddot{\beta}) + 2a \cdot (-2m \cdot 2a\ddot{\beta}) - 2a \cdot k \cdot 2a\beta = 0$$

整理得运动方程：

$$9m\ddot{\beta} + 4k\beta = 0$$

**【例 10－2】**　图 10－19(a)所示一刚架上有一质点，质量为 $m$，梁的中点处作用有动力荷载 $P(t)$，试列出此体系运动方程。

**【解】**　质点处只有水平位移，设为 $y$，此体系的自由度为 1，用柔度法列运动方程。

$t$ 时刻作用在刚架上的力有惯性力及外力，如图 10－19(b)所示。

$$y = -m\ddot{y}\delta_{11} + P(t)\delta_{1P}$$

其中，$\delta_{11}$ 是当质点处作用有单位力时质点处的位移，$\delta_{1P}$ 是当动力荷载为单位力时质点处的位移。

根据图 10－19(c)及图 10－19(d)，可求出 $\delta_{11}$，$\delta_{1P}$：

$$\delta_{11} = \frac{1}{EI}\left( \frac{1}{2}l \cdot l \cdot \frac{2}{3}l + \frac{1}{2}l \cdot 2l \cdot \frac{2}{3}l \right) = \frac{l^3}{EI}$$

$$\delta_{1P} = \frac{1}{EI}\left( \frac{1}{2} \cdot \frac{l}{2} \cdot 2l \cdot \frac{l}{2} \right) = \frac{l^3}{4EI}$$

整理得

$$\frac{ml^3}{EI}\ddot{y} + y = \frac{l^3}{4EI}P(t)$$

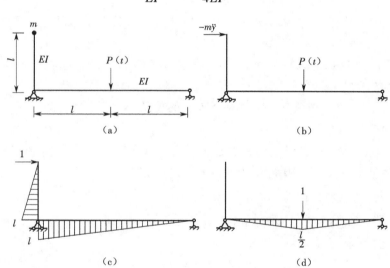

**图 10－19　例 10－2 图**

3. 有阻尼单自由度体系运动方程

如图 10－20(a)所示，在弹簧－质点模型上加上阻尼器，以模拟质点在振动过程中所受到的阻尼力。取出质点为隔离体，受力情况如图 10－20(b)所示。

质点受到的力有重力 $W$、外加荷载 $P(t)$、弹簧的约束力 $S(t)$、阻尼力 $D(t)$ 及惯性力 $I(t)$。根据达朗贝尔原理，在 $t$ 时刻这些力构成平衡力系，即

$$W + P(t) + S(t) + I(t) + D(t) = 0 \tag{10－5a}$$

设体系阻尼系数为 $c$，则

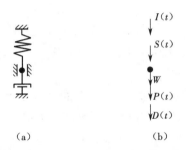

（a）　　　　　　　（b）

**图 10 - 20　考虑阻尼的弹簧 - 质点模型**

$$D(t) = -c\dot{y} \qquad\qquad (10 - 5b)$$

将式(10 - 5b)代入式(10 - 5a),得

$$m\ddot{y} + c\dot{y} + k_{11}y = P(t) \qquad\qquad (10 - 5c)$$

式(10 - 5c)是用刚度法推导的考虑阻尼的单自由度体系运动方程。与不考虑阻尼的运动方程式(10 - 3)相比,其多了阻尼力一项。当阻尼系数为零时,式(10 - 5c)就退化为式(10 - 3)。

同理,可得用柔度法推导的考虑阻尼的单自由度体系运动方程:

$$m\delta_{11}\ddot{y} + c\delta_{11}\dot{y} + y = \delta_{11}P(t) \qquad\qquad (10 - 6)$$

容易看出,与不考虑阻尼的运动方程式(10 - 4)相比,其多了阻尼力一项。当阻尼系数为零时,式(10 - 6)就退化为式(10 - 4)。

**【例 10 - 3】**　如图 10 - 21(a)所示,刚性杆上有两个质点,质量均为 $m$,弹簧支座的刚度为 $k$,阻尼器的阻尼系数为 $c$,试列出此体系自由振动时的运动方程。

**【解】**　因为 $AB$ 杆是刚性杆,所以两个质点的位移不是独立的,此体系为单自由度体系,现用刚度法列运动方程。

设 $t$ 时刻刚性杆 $AB$ 的旋转角为 $\beta$,$\beta$ 是运动方程的变量。$t$ 时刻作用在刚性杆 $AB$ 上的力有惯性力、弹性支座反力及阻尼力,如图 10 - 21(b)所示。

将所有力对 $A$ 点取矩,由 $\sum M_A = 0$,得

$$a \cdot (-ma\ddot{\beta}) - 2a \cdot k \cdot 2a\beta + 3a \cdot (-m \cdot 3a\ddot{\beta}) + 3a \cdot (-c \cdot 3a\dot{\beta}) = 0$$

整理得运动方程:

$$10m\ddot{\beta} + 9c\dot{\beta} + 4k\beta = 0$$

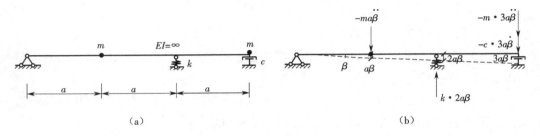

（a）　　　　　　　　　　　　　（b）

**图 10 - 21　例 10 - 3 图**

# 10.4　单自由度体系的自由振动

1. 无阻尼自由振动

在式(10-3)中令动力荷载 $P(t)=0$,则可得到无阻尼自由振动的运动方程:

$$m\ddot{y} + k_{11}y = 0 \qquad (10-7)$$

令 $\dfrac{k_{11}}{m} = \omega^2$,则式(10-7)化为

$$\ddot{y} + \omega^2 y = 0 \qquad (10-8\text{a})$$

式(10-8a)为常系数齐次微分方程,其解为

$$y = A\cos \omega t + B\sin \omega t \qquad (10-8\text{b})$$

式中　$A,B$——待定系数,由初始条件确定。

式(10-8b)表示不考虑阻尼时质点将作简谐式周期振动,其周期

$$T = \frac{2\pi}{\omega} = 2\pi\sqrt{\frac{m}{k_{11}}} \qquad (10-8\text{c})$$

容易看出,$T$ 称为体系自振周期。其物理意义为体系振动一周所需要的时间。$T$ 与质点的质量成正比,与体系的刚度系数成反比。

$$\omega = \sqrt{\frac{k_{11}}{m}} = \sqrt{\frac{1}{m\delta_{11}}} \qquad (10-8\text{d})$$

定义 $\omega$ 为体系的自振频率,或称为固有频率,也有的教材上称为圆频率。其物理意义为:按振动一周为 $2\pi$ 弧度计算,此体系 1 s 内振动的弧度。与体系的自振周期相反,$\omega$ 与质点质量成反比,与体系的刚度系数成正比。

注意自振频率 $\omega$ 与工程频率 $f$ 的区别。工程频率 $f$ 的物理意义是质点在一秒内振动的次数,自振频率 $\omega$ 是工程频率 $f$ 的 $2\pi$ 倍。

$$f = \frac{1}{T} \qquad \omega = \frac{2\pi}{T} = 2\pi f$$

特别需要注意的是:自振频率与周期是体系固有的动力特性,与初始条件无关。

设初始条件为 $y(0)=y_0,\dot{y}(0)=\dot{y}_0$。$y_0$ 及 $\dot{y}_0$ 分别为初位移及初速度,即 $t=0$ 时刻质点的位移及速度。将其代入式(10-8b),得

$$A = y_0 \qquad B = \frac{\dot{y}_0}{\omega}$$

将求得的 $A,B$ 代回式(10-8b),得

$$y = y_0\cos \omega t + \frac{\dot{y}_0}{\omega}\sin \omega t \qquad (10-8\text{e})$$

可将式(10-8e)写成另一种形式:

$$y = C\sin(\omega t + \varphi)$$

式中　$C$——振幅,表示体系振动时的最大动位移,$C = \sqrt{y_0^2 + \left(\dfrac{\dot{y}_0}{\omega}\right)^2}$;

$\varphi$——初相角，$\varphi = \arctan \dfrac{y_0\omega}{\dot{y}_0}$。

图 10 – 22 所示为在一定初始条件下，质点的位移时程。从图中可以看出，不考虑阻尼时，质点作简谐性的周期运动。

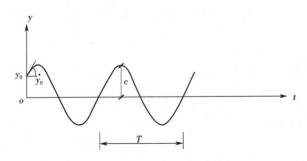

**图 10 – 22　无阻尼自由振动的位移时程曲线**

【例 10 – 4】　图 10 – 23(a)所示为一简支梁，长度 $l = 4$ m，跨中有一台电动机，质量 $m = 100$ kg，忽略梁的质量，梁的弹性模量 $E = 205.8$ GPa，截面惯性矩 $I = 245$ cm$^4$。求此体系的自振频率和周期。

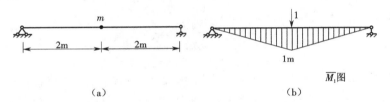

（a）　　　　　　　　　　　　（b）

**图 10 – 23　例 10 – 4 图**

【解】　此体系为单自由度体系，先求柔度系数 $\delta_{11}$，作出 $\overline{M}_1$ 图如图 10 – 23(b)所示。

$$\delta_{11} = \int_0^l \frac{\overline{M}_1 \overline{M}_1}{EI}dx = \frac{l^3}{48EI} = \frac{4^3}{48 \times 205.8 \times 10^9 \times 245 \times 10^{-8}} = 2.64 \times 10^{-6}(\text{m/N})$$

根据自振频率的计算公式，得

$$\omega = \sqrt{\frac{1}{m\delta_{11}}} = \sqrt{\frac{1}{100 \times 2.64 \times 10^{-6}}} = 61.5(1/\text{s})$$

$$T = \frac{2\pi}{\omega} = \frac{2\pi}{61.5} = 0.102(\text{s})$$

【例 10 – 5】　图 10 – 24(a)所示为一刚架，横梁的弯曲刚度 $EI = \infty$，横梁质量为 $m$，柱子的弯曲刚度为 $EI_1$，忽略柱子质量。求此体系的自振频率及周期。

【解】　此体系为单自由度体系，先求刚度系数 $k_{11}$。如图 10 – 24(b)所示，使横梁产生单位位移，此时施加在横梁上的力为 $k_{11}$。则

$$k_{11} = \frac{12EI_1}{h^3} + \frac{12EI_1}{h^3} + \frac{12EI_1}{h^3} = \frac{36EI_1}{h^3}$$

$$\omega = \sqrt{\frac{k_{11}}{m}} = \sqrt{\frac{36EI_1}{mh^3}} = 6\sqrt{\frac{EI_1}{mh^3}}$$

$$T = \frac{2\pi}{\omega} = \frac{\pi}{3}\sqrt{\frac{mh^3}{EI_1}}$$

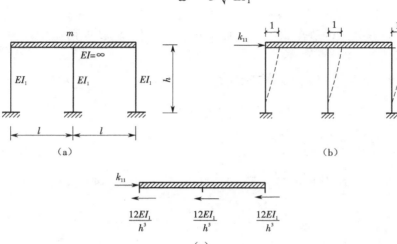

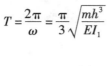

图 10 – 24　例 10 – 5 图

**【例 10 – 6】**　如图 10 – 25（a）所示，刚性杆 $AB$ 的线密度为 $\bar{m}$，弹性支座的弹簧刚度为 $k$，求此梁的自振频率。

**【解】**　如图 10 – 25（b）所示，设任一时刻 $t$ 刚性杆的旋转角为 $\beta$，梁上分布有惯性力，距 $A$ 端 $x$ 处长为 $dx$ 的小微段上的惯性力

$$dI(x) = -\bar{m}dx \cdot x\ddot{\beta}$$

将刚性杆上所有力对 $A$ 点取矩，由 $\sum M_A = 0$，得

$$\int_0^{3l} x \cdot (-\bar{m} \cdot x\ddot{\beta}dx) - 2l \cdot k \cdot 2l\beta = 0$$

整理得运动方程：

$$9\bar{m}l\ddot{\beta} + 4k\beta = 0$$

由上式得自振频率

$$\omega = \sqrt{\frac{k_{11}}{m}} = \sqrt{\frac{4k}{9\bar{m}l}} = \frac{2}{3}\sqrt{\frac{k}{\bar{m}l}}$$

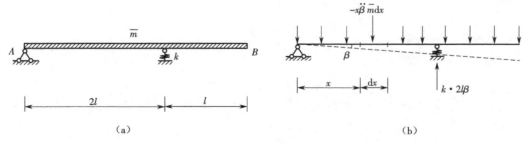

图 10 – 25　例 10 – 6 图

**【例 10 – 7】** 如图 $10-26(a)$ 所示,弹性杆 $AB$ 的弯曲刚度为 $EI$,弹簧刚度 $k=\dfrac{2EI}{l^3}$,质点的质量为 $m$,求此体系的自振频率。

**【解】** 先求此体系的刚度系数。使质点产生单位位移,此时所施加的力为 $k_{11}$,如图 $10-26(b)$ 所示。

当质点 $m$ 产生单位位移时,弹簧的拉力

$$F_1 = k \cdot 1 = k = \frac{2EI}{l^3}$$

设弹性杆 $B$ 端的剪力为 $F_2$,则

$$k_{11} = F_1 + F_2$$

在 $B$ 端施加单位力,作单位弯矩图,如图 $10-26(c)$ 所示。单位力作用下 $B$ 端的位移

$$\delta_{11} = \frac{1}{EI}\left(\frac{1}{2} \times l \times l \times \frac{2}{3}l\right) = \frac{l^3}{3EI}$$

$$F_2 = \frac{1}{\delta_{11}} = \frac{3EI}{l^3}$$

$$k_{11} = F_1 + F_2 = \frac{5EI}{l^3}$$

根据自振频率的计算公式,得

$$\omega = \sqrt{\frac{k_{11}}{m}} = \sqrt{\frac{5EI}{ml^3}}$$

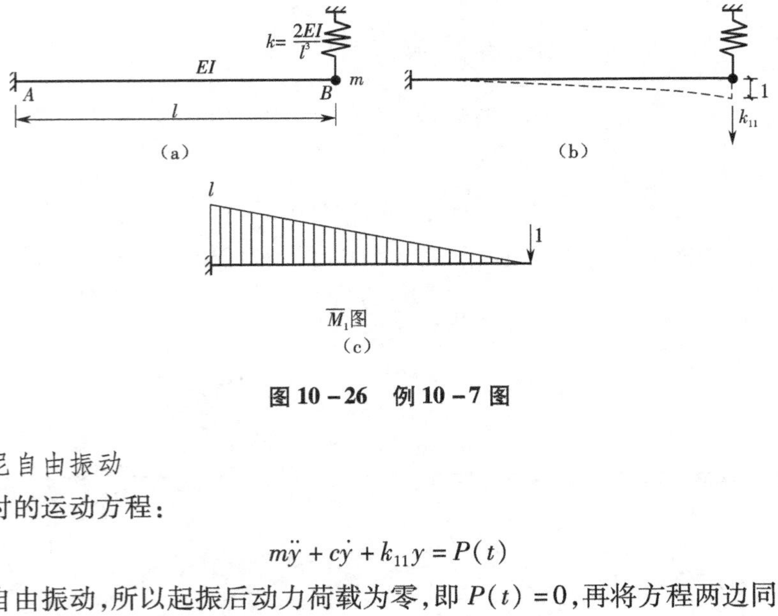

**图 10 – 26　例 10 – 7 图**

**2. 有阻尼自由振动**

有阻尼时的运动方程:

$$m\ddot{y} + c\dot{y} + k_{11}y = P(t) \tag{10-5c}$$

因为是自由振动,所以起振后动力荷载为零,即 $P(t)=0$,再将方程两边同除以 $m$,得

$$\ddot{y} + \frac{c}{m}\dot{y} + \frac{k_{11}}{m}y = 0$$

定义 $\dfrac{c}{m}=2k$,且引入 $\dfrac{k_{11}}{m}=\omega^2$,其中 $\omega$ 是不考虑阻尼时体系的自振频率,$k$ 称为衰减系数。

上式整理得

$$\ddot{y} + 2k\dot{y} + \omega^2 y = 0 \tag{10-9a}$$

式（10-9a）是一个常系数齐次线性微分方程，其特征方程为

$$r^2 + 2kr + \omega^2 = 0 \tag{10-9b}$$

特征方程有两个根，设为 $r_1, r_2$，有

$$r_{1,2} = -k \pm \sqrt{k^2 - \omega^2}$$

令 $\xi = \dfrac{k}{\omega}$，$k = \xi\omega$，$\xi$ 称为阻尼比。特征方程的两个根为

$$r_{1,2} = -\xi\omega \pm \omega\sqrt{\xi^2 - 1}$$

下面分三种情况对此解进行讨论。

1）$\xi > 1$（大阻尼）

此时特征根为两个实根，方程式（10-9a）的通解为

$$y = \mathrm{e}^{-\xi\omega t}\left(A\mathrm{ch}\sqrt{\xi^2 - 1}\,t + B\mathrm{sh}\sqrt{\xi^2 - 1}\,t\right) \tag{10-9c}$$

图 10-27 绘出了在一定的初始条件下质点振动的位移时程曲线。从位移时程曲线可以看出，质点不会产生振动。这是因为体系的阻尼过大，在运动的过程中所消耗的能量过大，因此不会发生振动。

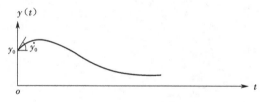

**图 10-27　大阻尼时的位移时程曲线**

2）$\xi = 1$（临界阻尼）

此时特征根为两个重根，方程式（10-9a）的通解为

$$y = \mathrm{e}^{-\xi\omega t}(At + B) \tag{10-9d}$$

显然，这种情况下质点也不会发生振动。实际上，它是一种临界状态，此时 $k = \omega$。将此时的阻尼系数称为临界阻尼系数，用 $c_0$ 表示，$c_0 = 2m\omega$。

3）$\xi < 1$（小阻尼）

此时特征根为两个虚根，方程式（10-9a）的解为

$$y = \mathrm{e}^{-\xi\omega t}(A\cos\omega' t + B\sin\omega' t) \tag{10-9e}$$

式中

$$\omega' = \omega\sqrt{1 - \xi^2} \tag{10-9f}$$

从式（10-9e）可以看出，当阻尼比小于 1 时，质点的振动有如下两个特征：

（1）振动的幅值是衰减的，这是因为阻尼的存在引起振动的能量耗散，所以振幅在减小；

（2）相邻两次达到幅值位置的时间间隔是不变的，因此存在名义上的周期，周期 $T' = \dfrac{2\pi}{\omega'}$，$\omega'$ 称为考虑阻尼时的自振频率。

综合上述两个特征,将小阻尼时的自由振动称为衰减性的周期振动。

式(10-9e)可写成另一种形式:

$$y = Ce^{-\xi\omega t}\sin(\omega' t + \varphi) \qquad (10-9g)$$

式中:$C,\varphi$ 均由初始条件决定。

设初始条件为 $y(0) = y_0, \dot{y}(0) = \dot{y}_0$,将初始条件代入式(10-9g),得

$$C = \sqrt{y_0^2 + \left(\frac{\dot{y}_0 + \xi\omega y_0}{\omega'}\right)^2} \qquad \varphi = \arctan\frac{\omega' y_0}{\dot{y}_0 + \xi\omega y_0} \qquad (10-9h)$$

可以看出,$\xi = 0$ 时,式(10-9h)退化为无阻尼时的位移表达式。

由式(10-9f)得出,考虑阻尼时的自振频率 $\omega'$ 总是小于不考虑阻尼时的自振频率 $\omega$。但是工程上阻尼比非常小,一般在 $0.01 \sim 0.1$ 范围内,所以工程上近似认为 $\omega' = \omega$。

位移时程曲线如图 10-28 所示,$y = \pm Ce^{-\xi\omega t}$ 是质点振动轨迹的包线。从图中能看出,振幅是在逐渐递减,振幅的递减情况与体系的阻尼比有关。工程上常通过测量相邻两个周期振幅的衰减情况来确定体系的阻尼比。

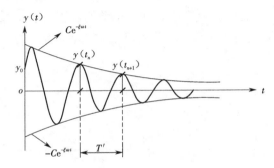

**图 10-28 小阻尼时的位移时程曲线**

设在时刻 $t_n$ 质点达到幅值位置,此时振幅

$$y(t_n) = Ce^{-\xi\omega t_n}$$

经过一个周期后,在时刻 $t_{n+1}$ 质点的振幅

$$y(t_{n+1}) = Ce^{-\xi\omega(t_n + T')}$$

两个振幅的比值

$$\frac{y(t_n)}{y(t_{n+1})} = e^{\xi\omega T'}$$

式中:$\omega T' \approx \omega T = 2\pi$。

对上式两边取对数并整理得

$$\xi = \frac{1}{2\pi}\ln\frac{y(t_n)}{y(t_{n+1})} = \frac{\delta}{2\pi} \qquad (10-9i)$$

式中:$\delta = \ln\dfrac{y(t_n)}{y(t_{n+1})}$,称为振幅的对数递减率。

可以通过实测得到 $\delta$,由式(10-9i)求得体系的阻尼比,进而得到体系的阻尼系数。

【例10-8】 如图 10-29 所示,门式刚架作自由振动,横梁的初位移为 1 cm,初速度为 0,振动一周后侧移值为 0.8 cm。试求:

①此门式刚架的阻尼比;

②刚架振动多少周时,振幅衰减为原幅值的 1/3;

③若横梁的质量为 1 000 t,刚架振动的周期为 1 s,此体系的阻尼系数 $c$。

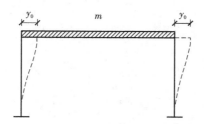

**图 10 - 29　例 10 - 8 图**

【解】　①首先求振幅的对数递减率 $\delta$,有

$$\delta = \ln \frac{y(t_n)}{y(t_{n+1})} = \ln \frac{1}{0.8} = 0.223$$

再求阻尼比 $\xi$

$$\xi = \frac{\delta}{2\pi} = 0.035\ 5$$

②根据门式刚架的振幅衰减规律,有

$$\frac{y(0)}{y(T')} = e^{\xi\omega T'}$$

设振动的次数是 $n$,则有

$$\frac{y(0)}{y(nT')} = e^{\xi\omega nT'}$$

$$\frac{y(0)}{y(nT')} = \left[\frac{y(0)}{y(T')}\right]^n \quad \frac{1}{1/3} = \left[\frac{1}{0.8}\right]^n$$

所以有

$$n = 5$$

经计算得出,振动 5 周后,振幅将降为原幅值的 1/3。

③根据定义求得系统的阻尼系数 $c$,有

$$c = 2km = 2\xi\omega m = 2\xi \times \frac{2\pi}{T} \times m \approx 2\xi \times \frac{2\pi}{T'} \times m = 2 \times 0.035\ 5 \times \frac{2 \times 3.14}{1} \times 10^6$$

$$= 4.46 \times 10^5\ \text{kg/s}$$

# 10.5　单自由度体系在简谐荷载作用下的强迫振动

上节讲述的是单自由度体系的自由振动,即体系在起振后不再有荷载作用。这节及下一节讨论的是单自由度体系的强迫振动问题。这节先研究在简谐荷载作用下的求解方法,下一节讨论在一般荷载作用下的求解方法。

1. 动位移的计算

设外荷载

$$P(t) = P\sin\theta t \tag{10-10}$$

式中　$P$——荷载的幅值;

　　$\theta$——荷载变化的频率。

则此时的运动方程为

$$m\ddot{y} + c\dot{y} + k_{11}y = P\sin\theta t \tag{10-11}$$

将方程两边同时除以 $m$,并引入 $k = \dfrac{c}{2m}, \xi = \dfrac{k}{\omega}, \omega^2 = \dfrac{k_{11}}{m}$,整理后得

$$\ddot{y} + 2\xi\omega\dot{y} + \omega^2 y = \frac{P}{m}\sin\theta t$$

此式的通解包括齐次解 $y_1$ 及特解 $y_2$ 两部分,即

$$y = y_1 + y_2 \tag{10-12a}$$

齐次解 $y_1$ 实际上是单自由度体系自由振动的解,根据上节的知识,有

$$y_1 = \mathrm{e}^{-\xi\omega t}(A\cos\omega't + B\sin\omega't) \tag{10-12b}$$

现在求特解 $y_2$。因为动荷载是时间 $t$ 的简谐函数形式,所以可将特解也设为时间 $t$ 的简谐函数,即

$$y_2 = D_1\cos\theta t + D_2\sin\theta t \tag{10-12c}$$

将上式对时间 $t$ 求一次及二次导数,得

$$\dot{y}_2 = -D_1\theta\sin\theta t + D_2\theta\cos\theta t$$

$$\ddot{y}_2 = -D_1\theta^2\cos\theta t - D_2\theta^2\sin\theta t$$

将上面两式代入式(10-11),得

$$\begin{cases} (\omega^2 - \theta^2)D_1 + 2\xi\omega\theta D_2 = 0 \\ -2\xi\omega\theta D_1 + (\omega^2 - \theta^2)D_2 = \dfrac{P}{m} \end{cases}$$

求解后,得

$$\begin{cases} D_1 = \dfrac{P}{m}\dfrac{-2\xi\omega\theta}{(\omega^2 - \theta^2)^2 + (2\xi\omega\theta)^2} \\ D_2 = \dfrac{P}{m}\dfrac{\omega^2 - \theta^2}{(\omega^2 - \theta^2)^2 + (2\xi\omega\theta)^2} \end{cases}$$

将求得的待定系数 $D_1, D_2$ 代回特解表达式,得

$$\begin{aligned} y_2 &= D_1\cos\theta t + D_2\sin\theta t \\ &= \frac{P}{m}\frac{-2\xi\omega\theta}{(\omega^2 - \theta^2)^2 + (2\xi\omega\theta)^2}\cos\theta t + \frac{P}{m}\frac{\omega^2 - \theta^2}{(\omega^2 - \theta^2)^2 + (2\xi\omega\theta)^2}\sin\theta t \end{aligned}$$

也可将上式换写成另一种形式:

$$y_2 = C\sin(\theta t - \varphi)$$

式中

$$C = \frac{P}{m}\frac{1}{\sqrt{(\omega^2 - \theta^2)^2 + (2\xi\omega\theta)^2}} \qquad \varphi = \arctan\frac{2\xi\omega\theta}{\omega^2 - \theta^2} \tag{10-12d}$$

将齐次解及特解分别代入通解,得

$$y = y_1 + y_2 = \mathrm{e}^{-\xi\omega t}(A\cos \omega't + B\sin \omega't) + C\sin(\theta t - \varphi) \tag{10-12e}$$

式中:$A,B$ 均由初始条件决定。

可以看出齐次解部分含有 $\mathrm{e}^{-\xi\omega t}$ 项,因此随时间逐渐衰减,经过一段时间后,此项就近似为零,为了简化计算,此项不做深入的研究。因此,单自由度体系在简谐荷载作用下的解近似为

$$y = C\sin(\theta t - \varphi) \tag{10-12f}$$

从式(10-12f)及式(10-12d)可以看出其解有如下特点:

(1)其是一种稳态振动,位移幅值与荷载幅值成正比,并且与体系的自振频率、阻尼比及荷载变化的频率均有关系;

(2)振动的频率是荷载变化的频率;

(3)考虑阻尼时,质点的振动与荷载之间存在着相位差。

下面分别对振幅 $C$ 及相位差 $\varphi$ 进行讨论。

1)对振幅 $C$ 的讨论

$$C = \frac{P}{m}\frac{1}{\sqrt{(\omega^2 - \theta^2)^2 + (2\xi\omega\theta)^2}} = \frac{P}{m\omega^2}\frac{1}{\sqrt{\left[1 - \left(\frac{\theta}{\omega}\right)^2\right]^2 + \left(\frac{2\xi\theta}{\omega}\right)^2}}$$

因为 $\dfrac{1}{m\omega^2} = \delta_{11}$,且定义 $\mu_\mathrm{d} = \dfrac{1}{\sqrt{\left[1 - \left(\dfrac{\theta}{\omega}\right)^2\right]^2 + \left(\dfrac{2\xi\theta}{\omega}\right)^2}}$,$\mu_\mathrm{d}$ 称为考虑阻尼时的动力系数。

则振幅的表达式可简写为

$$C = \mu_\mathrm{d} P\delta_{11}$$

令 $C_\mathrm{s} = P\delta_{11}$,容易看出,$C_\mathrm{s}$ 表示在荷载幅值作用下的静位移。则

$$C = \mu_\mathrm{d} C_\mathrm{s} \quad \mu_\mathrm{d} = \frac{C}{C_\mathrm{s}}$$

上式表示质点振动的幅值是荷载幅值作用下静位移的 $\mu_\mathrm{d}$ 倍。$\mu_\mathrm{d}$ 的取值就决定了振幅的大小。$\mu_\mathrm{d}$ 的物理意义是质点最大动位移与静位移的比值。从 $\mu_\mathrm{d}$ 的表达式可以看出它与 $\dfrac{\theta}{\omega}$ 有关,下面分几种情况对 $\mu_\mathrm{d}$ 进行讨论。

(1)$\dfrac{\theta}{\omega} \ll 1$,即荷载变化的频率与体系的自振频率相比很小,也就是说荷载值变化缓慢,可认为 $\dfrac{\theta}{\omega} \approx 0$,此时

$$\mu_\mathrm{d} = \frac{1}{\sqrt{\left[1 - \left(\dfrac{\theta}{\omega}\right)^2\right]^2 + \left(\dfrac{2\xi\theta}{\omega}\right)^2}} \approx 1$$

$$C = \mu_\mathrm{d} C_\mathrm{s} \approx C_\mathrm{s}$$

上式表明,动位移的幅值与静位移 $C_\mathrm{s}$ 近似相等。

(2)$\dfrac{\theta}{\omega} \gg 1$,即荷载变化的频率与体系的自振频率相比非常大,也就是说荷载值变化很

快，可认为 $\dfrac{\theta}{\omega} \approx \infty$，此时

$$\mu_\mathrm{d} = \frac{1}{\sqrt{\left[1 - \left(\dfrac{\theta}{\omega}\right)^2\right]^2 + \left(\dfrac{2\xi\theta}{\omega}\right)^2}} \approx 0$$

$$C = \mu_\mathrm{d} C_\mathrm{s} \approx 0$$

上式表明，动位移的幅值非常小，这表明高频的荷载只能激起体系微幅的振动。

（3）$\dfrac{\theta}{\omega} \approx 1$，即荷载变化的频率与体系的自振频率近似相等，此时

$$\mu_\mathrm{d} = \frac{1}{\sqrt{\left[1 - \left(\dfrac{\theta}{\omega}\right)^2\right]^2 + \left(\dfrac{2\xi\theta}{\omega}\right)^2}} \approx \frac{1}{2\xi}$$

$$C = \mu_\mathrm{d} C_\mathrm{s} \approx \frac{1}{2\xi} C_\mathrm{s}$$

因为阻尼比 $\xi$ 非常小，一般为 $0.01 \sim 0.1$，此时 $\mu_\mathrm{d}$ 应为 $5 \sim 50$。工程上将这种现象称为共振。在作结构设计时，共振现象是必须要避免的。

将 $0.75 \leqslant \dfrac{\theta}{\omega} \leqslant 1.25$ 称为共振区。在共振区内，质点将会发生大幅振动。图 $10-30$（a）表示动力系数 $\mu_\mathrm{d}$ 与频率比 $\dfrac{\theta}{\omega}$ 的关系。从图中可以看出，在共振区内，阻尼比 $\xi$ 对 $\mu_\mathrm{d}$ 的影响很大。但在共振区外，阻尼比 $\xi$ 对 $\mu_\mathrm{d}$ 的影响不大，此时阻尼可以忽略不计。但在共振区内，阻尼是不能忽略的。

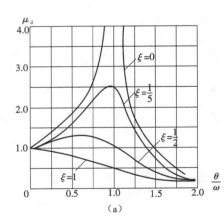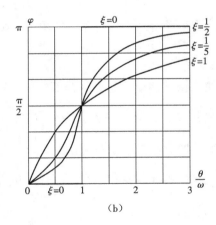

$$\text{图 } 10-30 \quad \mu_\mathrm{d} \text{ 及 } \varphi \text{ 与 } \frac{\theta}{\omega} \text{ 的关系}$$

2）对相位差 $\varphi$ 的讨论

$$\varphi = \arctan \frac{2\xi\omega\theta}{\omega^2 - \theta^2}$$

一般情况下，考虑阻尼时，$\xi \neq 0$，有：

（1）$\omega > \theta$ 时，$\varphi$ 的取值范围为 $0 \sim \dfrac{\pi}{2}$；

（2）$\omega < \theta$ 时，$\varphi$ 的取值范围为 $\frac{\pi}{2} \sim \pi$；

（3）$\omega = \theta$ 时，$\varphi = \frac{\pi}{2}$。

也就是说，考虑阻尼时，质点的振动总是滞后于荷载。

当阻尼可以忽略不计时，$\xi \approx 0$，有

（1）$\omega > \theta$ 时，$\varphi = 0$，质点的振动与荷载是同相位的；

（2）$\omega < \theta$ 时，$\varphi = \pi$，质点的振动与荷载是反相位的。

2. 能量转换问题

1）质点振动一周内所输入的能量

位移表达式为 $y = C\sin(\theta t - \varphi)$，由此得出速度表达式

$$\dot{y} = C\theta\cos(\theta t - \varphi)$$

在 $dt$ 时间段内，荷载做功所输入的能量

$$\mathrm{d}U_i = P\sin\theta t \cdot \dot{y}\mathrm{d}t = PC\theta\sin\theta t\cos(\theta t - \varphi)\mathrm{d}t$$

振动一周内，荷载做功输入体系的能量

$$U_i = \int_0^T P\sin\theta t \cdot \dot{y}\mathrm{d}t = \int_0^T PC\theta\sin\theta t\cos(\theta t - \varphi)\mathrm{d}t = \pi CP\sin\varphi$$

2）质点振动一周内所消耗的能量

由于阻尼的存在，在振动过程中，阻尼力做负功，因此引起能量的耗散。

$t$ 时刻阻尼力表达式：

$$D(t) = -c\dot{y} = -cC\theta\cos(\theta t - \varphi)$$

在 $dt$ 时间段内，阻尼力做功所消耗的能量

$$\mathrm{d}U_o = -D(t)\dot{y}\mathrm{d}t = cC^2\theta^2\cos^2(\theta t - \varphi)\mathrm{d}t$$

振动一周内，阻尼力做功所消耗的能量

$$U_o = \int_0^T -D(t)\dot{y}\mathrm{d}t = \int_0^T cC^2\theta^2\cos^2(\theta t - \varphi)\mathrm{d}t = \pi cC^2\theta$$

根据前面推导的位移表达式，得

$$C = \frac{P}{m}\frac{1}{\sqrt{(\omega^2 - \theta^2)^2 + (2\xi\omega\theta)^2}} \qquad \varphi = \arctan\frac{2\xi\omega\theta}{\omega^2 - \theta^2}$$

将求得的 $C$ 及 $\varphi$ 分别代入 $U_i$，$U_o$ 表达式，不难得出 $U_i = U_o$，即振动一周内体系所输入的能量与输出的能量相等。当忽略阻尼时，$c = 0$，$\xi = 0$，此时 $\sin\varphi = 0$，因此输入的能量及输出的能量均为零。

3. 动内力幅值的计算

体系振动时，结构的位移及内力随时间变化，当位移达到最大值时，动内力也达到幅值。因此若要求解最大的动内力，首先要求出动位移达到最大值的时间。如图 10 − 31（a）所示，悬臂梁上有一质点 $m$，受到简谐力作用。设在 $t = t^*$ 时刻，动位移达到最大。根据位移的表达式

$$y = C\sin(\theta t - \varphi)$$

令 $\theta t^* - \varphi = \dfrac{\pi}{2}$，求出 $t^*$。

在 $t = t^*$ 时刻，作用在体系上的力有动荷载 $P^*$ 及惯性力 $I^*$，有

$$P^* = P\sin\theta t^*$$

$$I^* = -m\ddot{y} = mC\theta^2\sin(\theta t^* - \varphi) = mC\theta^2$$

根据达朗贝尔原理，系统处于一种动平衡状态。根据力平衡条件可求出任一截面的内力，此时的内力应是动内力的幅值，如图 10-31(b)所示。

当惯性力与动荷载共线时，有一种简单的求动内力幅值的方法。

如图 10-31(a)所示，因为惯性力与动荷载共线，将两个力的合力定义为 $Q(t)$，$Q(t) = P(t) + I(t)$。所以在任一时刻，作用在梁上的力只有 $Q(t)$。当梁的动位移达到最大值时，动内力也达到最大。因此，首先要求出当位移等于幅值时作用在梁上的力。

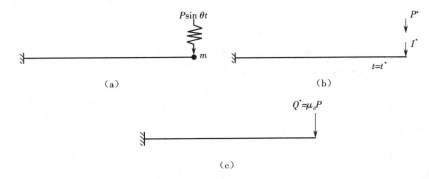

图 10-31 动内力幅值的计算

设 $Q^*$ 是当位移等于幅值时，作用在梁上的力。根据柔度系数的定义，有

$$Q^* = \frac{C}{\delta_{11}} = \frac{\mu_d P\delta_{11}}{\delta_{11}} = \mu_d P$$

知道了 $Q^*$，根据力的平衡条件，就可求出任一截面的内力，此内力就是截面的最大动内力。不难看出，实际上 $Q^* = P^* + I^*$，如图 10-31(c)所示。

这种方法虽然简单，但是它的使用范围很窄，只适用于惯性力与动荷载共线的情况，若不满足，就只能使用前面所讲的一般方法。

【例 10-9】 在例 10-4 中，正在旋转的电动机上偏心部分的质量 $m' = 40\ \text{kg}$，偏心距 $e = 0.4\ \text{mm}$，电动机的转速为 $500\ \text{r/min}$。试求：

①忽略阻尼，梁中点的振幅；

②考虑阻尼的影响，设阻尼比 $\xi = 0.05$，梁中点振幅及梁的最大总位移；

③考虑阻尼时，作梁的动弯矩幅值图及总弯矩幅值图。

【解】 ①干扰力为离心力的竖向分力：

$$P(t) = P\sin\theta t$$

干扰力的频率

$$\theta = 2\pi \times 500/60 = 52.3(1/\text{s})$$

干扰力的幅值

$$P = m'\theta^2 e = 40 \times 52.3^2 \times 4 \times 10^{-4} = 43.76(\text{N})$$

由例 10-4 可知

$$\delta_{11} = \int_0^l \frac{\overline{M}_1 \overline{M}_1}{EI} dx = \frac{l^3}{48EI} = \frac{4^3}{48 \times 205.8 \times 10^9 \times 245 \times 10^{-8}} = 2.64 \times 10^{-6}(\text{m/N})$$

$$\omega = \sqrt{\frac{1}{m\delta_{11}}} = \sqrt{\frac{1}{100 \times 2.64 \times 10^{-6}}} = 61.5(1/\text{s})$$

由位移幅值的计算公式得

$$C = \mu C_s = \frac{1}{1 - \frac{\theta^2}{\omega^2}} \times P\delta_{11} = \frac{1}{1 - \left(\frac{52.3}{61.5}\right)^2} \times 43.76 \times 2.64 \times 10^{-6} = 4.16 \times 10^{-4}(\text{m})$$

因为 $\omega > \theta$，所以质点的位移与荷载是同步的，当荷载达到幅值时，位移也达到最大值。

②考虑阻尼时的动力系数：

$$\mu_d = \frac{1}{\sqrt{\left(1 - \frac{\theta^2}{\omega^2}\right)^2 + \left(\frac{2\xi\theta}{\omega}\right)^2}} = \frac{1}{\sqrt{\left[1 - \left(\frac{52.3}{61.5}\right)^2\right]^2 + \frac{4 \times 0.05^2 \times 52.3^2}{61.5^2}}} = 3.45$$

振幅

$$C = \mu_d C_s = 3.45 \times 43.76 \times 2.64 \times 10^{-6} = 3.99 \times 10^{-4}(\text{m})$$

考虑阻尼时的振幅比不考虑阻尼时小 4.1%。这是因为 $\frac{\theta}{\omega} = \frac{52.3}{61.5} = 0.85$，所以位于共振区内，阻尼对结构振动的幅值有一定的影响。

$$\text{质点的总位移} = \text{静位移} + \text{动位移}$$

静位移是电动机重量引起的位移：

$$\Delta_{\text{静}} = mg\delta_{11} = 100 \times 9.8 \times 2.64 \times 10^{-6} = 2.59 \times 10^{-3}(\text{m})$$

最大总位移：

$$(\Delta_{\text{总}})_{\max} = \Delta_{\text{静}} + C = 2.59 \times 10^{-3} + 3.99 \times 10^{-4} = 2.99 \times 10^{-3}(\text{m})$$

③对于此体系，惯性力与外荷载共线，可用简单的方法求动内力幅值。作为练习，现用两种方法分别求动内力幅值，并进行分析比较。

一般方法　先求 $t^*$，令 $\theta t^* - \varphi = \frac{\pi}{2}$，又

$$\varphi = \arctan \frac{2\xi\omega\theta}{\omega^2 - \theta^2} = \arctan 0.31 = 0.30(\text{rad})$$

$$t^* = \frac{\frac{\pi}{2} + 0.30}{\theta} = 0.036(\text{s})$$

当 $t = t^*$ 时的惯性力 $I^*$ 及动荷载 $P^*$ 分别为

$$I^* = -m\ddot{y}(t = t^*) = m\theta^2 C \sin(\theta t^* - \varphi) = 100 \times 52.3^2 \times 3.99 \times 10^{-4} = 109.1(\text{N})$$

$$P^* = P \sin \theta t^* = 43.81 \times \sin \theta t^* = 41.9(\text{N})$$

绘出的动弯矩幅值图如图 10-32(a)所示。

简单方法　考虑阻尼时的动力系数 $\mu_d = 3.45$，当位移达到幅值时，作用在质点上的力

$$Q^* = \mu_d P = 3.45 \times 43.76 = 151.0(\text{N})$$

可以看出 $Q^* = I^* + P^*$，即当位移等于幅值时，作用在质点处的力 $Q^*$ 应是惯性力 $I^*$ 与外荷载 $P^*$ 的合力。

梁的总弯矩 = 静弯矩 + 动弯矩

静弯矩是电动机重量引起的弯矩，其弯矩图如图 10 – 32(b)所示。

总弯矩幅值图如图 10 – 32(c)所示，虚线表示最小弯矩图，实线表示最大弯矩图。

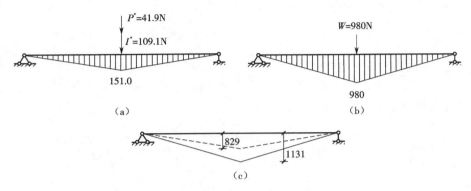

图 10 – 32  例 10 – 9 图(弯矩单位 N·m)

【例 10 – 10】    图 10 – 33(a)所示组合结构中，梁式杆 $EI = \infty$，所有二力杆的 $EA = 3 \times 10^5$ N，$a = 2$ m，弹簧刚度 $k = 1.5 \times 10^5$ N/m，质点的质量 $m = 10$ kg，干扰力幅值 $P = 8$ kN，干扰力频率为 150 r/min，忽略杆件质量，忽略阻尼。求杆 $CD$ 的最大动内力。

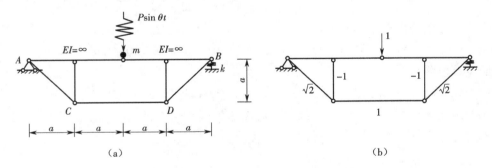

图 10 – 33  例 10 – 10 图

【解】    如图 10 – 33(b)所示，先求 $\delta_{11}$。

$$\delta_{11} = \frac{1}{EA}(\sqrt{2} \times \sqrt{2} \times \sqrt{2}a \times 2 + (-1) \times (-1)a \times 2 + 1 \times 1 \times 2a) + \frac{1}{2} \times \frac{1}{2k}$$

$$= 9.906\frac{a}{EA} = 6.604 \times 10^{-5}(\text{m/N})$$

求得体系的频率

$$\omega = \sqrt{\frac{1}{m\delta_{11}}} = 38.41(1/\text{s})$$

根据已知条件得荷载的频率

$$\theta = 150 \times \frac{2\pi}{60} = 15.7(1/s)$$

求得体系的动力系数

$$\mu = \frac{1}{1 - \frac{\theta^2}{\omega^2}} = 1.195$$

因为惯性力与荷载共线,所以可采用简单算法求动内力幅值。当位移达到最大值时,作用在质点上的力

$$Q^* = \mu P = 1.195 \times 8 = 9.56(kN)$$
$$(N_{CD})_{max} = Q^* \times 1 = 9.56(kN)$$

【例 10 – 11】　图 10 – 34(a)所示结构,除杆 $BC$ 的拉伸刚度 $EA = \infty$ 外,其他杆件的 $EI$ 均为常数,质点的质量为 $m$,忽略阻尼。求质点的振幅。

【解】　取半结构,并设 $C$ 点有单位位移,弯矩图如图 10 – 34(b)所示。

$$k = \frac{15i}{l^2} \quad i = \frac{EI}{l}$$

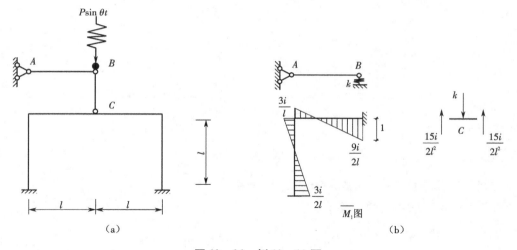

（a）　　　　　　　　　　　　　（b）

**图 10 – 34　例 10 – 11 图**

根据频率计算公式得

$$\omega = \sqrt{\frac{k}{m}} = \sqrt{\frac{15i}{ml^2}}$$

荷载幅值作用下的静位移

$$C_{st} = P \cdot \delta_{11} = \frac{P}{k} = \frac{Pl^2}{15i}$$

最后求得振幅

$$C = \mu \cdot C_{st} = \frac{\dfrac{Pml^2}{15i}}{1 - \dfrac{\theta^2}{\omega^2}} = \frac{\dfrac{Pml^2}{15i}}{1 - \dfrac{\theta^2}{\dfrac{15i}{ml^2}}}$$

【**例10-12**】 图10-35(a)所示一悬臂梁,跨长为 $l$,弯曲刚度为 $EI$,质点的质量为 $m$,梁跨中作用一简谐力 $P(t) = P\sin\theta t$,荷载变化的频率 $\theta = 2\sqrt{\dfrac{EI}{ml^3}}$。试求:

①质点的振幅;

②作悬臂梁的动弯矩幅值图。

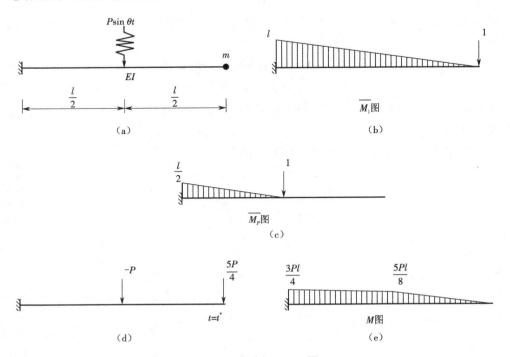

（a）

$\overline{M_1}$图

（b）

$\overline{M_P}$图

（c）

$t=t^*$

（d）

$M$图

（e）

**图 10-35 例 10-12 图**

【**解**】 ①作单位弯矩图,如图 10-35(b)所示。

单位力作用下质点处的位移

$$\delta_{11} = \frac{1}{EI}\int_0^l \overline{M_1} \times \overline{M_1}\,\mathrm{d}x = \frac{l^3}{3EI}$$

体系的自振频率

$$\omega = \sqrt{\frac{1}{m\delta_{11}}} = \sqrt{\frac{3EI}{ml^3}}$$

动力系数

$$\mu = \frac{1}{\left|1 - \dfrac{\theta^2}{\omega^2}\right|} = 3$$

质点的位移与荷载间的相位差

$$\varphi = \arctan\frac{2\xi\theta\omega}{\omega^2 - \theta^2} = \pi$$

作 $\overline{M_P}$ 图,如图 10-35(c)所示。

求得单位荷载作用下质点处的位移

$$\delta_{1P} = \frac{1}{EI}\int_0^l \overline{M}_1 \times \overline{M}_P \mathrm{d}x = \frac{1}{EI} \times \frac{1}{2} \times \frac{l}{2} \times \frac{l}{2} \times \left(\frac{2}{3}l + \frac{1}{3} \times \frac{l}{2}\right) = \frac{5l^3}{48EI}$$

振幅

$$C = \mu \cdot C_s = \mu \cdot P \cdot \delta_{1P} = \frac{5Pl^3}{16EI}$$

②当梁的动位移达到幅值时,动内力也达到最大值。设 $t = t^*$ 时,位移取得最大值。

$$\theta t^* - \varphi = \frac{\pi}{2} \qquad \theta t^* = \pi + \frac{\pi}{2} = \frac{3\pi}{2}$$

$t = t^*$ 时,动力荷载

$$P^* = P\sin\theta t^* = -P$$

$t = t^*$ 时,惯性力

$$I^* = -m\ddot{y}^* = m\theta^2 C\sin(\theta t^* - \varphi) = m\theta^2 C = \frac{5P}{4}$$

$t = t^*$ 时梁上的作用力如图 10 - 35(d)所示,动弯矩幅值图如图 10 - 35(e)所示。

## 10.6 单自由度体系在任意荷载作用下的强迫振动

上一节讲述的是单自由度体系在简谐荷载作用下的强迫振动。对于实际的工程结构,有时会受到其他动力荷载作用,例如爆炸产生的冲击荷载,地震时基础运动产生的地震荷载等。本节将讨论在这些荷载作用下的强迫振动问题。

图 10 - 36 所示是任意荷载的时程曲线,试求在此动力荷载作用下 $t$ 时刻质点的位移。

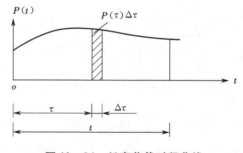

**图 10 - 36　任意荷载时程曲线**

将动力荷载时程按时间分成若干个小微段,在每个小微段上荷载产生微小冲量。设 $t = \tau$ 时刻在 $\Delta\tau$ 时间段内产生的冲量为 $P(\tau)\Delta\tau$,此冲量引起动量的改变为 $\Delta Q(\tau)$。假设 $t = \tau$ 时的初速度及初位移均为零,则初始的动量为零,那么由此冲量使得在 $\Delta\tau$ 时间段内产生相应的速度为 $\dot{y}(\tau)$,位移为 $y(\tau)$。有:

$$P(\tau)\Delta\tau = \Delta Q(\tau) = m\dot{y}(\tau)$$

$$\dot{y}(\tau) = \frac{P(\tau)\Delta\tau}{m}$$

在 $\Delta\tau$ 时间段内平均速度

$$\frac{1}{2}(\dot{y}(\tau) + 0) = \frac{1}{2}\dot{y}(\tau)$$

因此,经过 $\Delta\tau$ 时间段位移

$$y(\tau) = \frac{1}{2}\dot{y}(\tau)\Delta\tau = \frac{1}{2}\frac{P(\tau)\Delta\tau}{m}\Delta\tau = \frac{P(\tau)(\Delta\tau)^2}{2m}$$

上式表明,$y(\tau)$ 是 $\Delta\tau$ 的二阶微小量,$\dot{y}(\tau)$ 是 $\Delta\tau$ 的一阶微小量,也就是说 $y(\tau)$ 与 $\dot{y}(\tau)$ 相比是更高级的微小量。

将速度 $\dot{y}(\tau)$ 和位移 $y(\tau)$ 视为初速度与初位移,由此初速度与初位移引起的 $t$ 时刻自由振动的解为

$$\Delta y(t) = e^{-\xi\omega(t-\tau)}\left[y(\tau)\cos\omega'(t-\tau) + \frac{\dot{y}(\tau) + \xi\omega y(\tau)}{\omega'}\sin\omega'(t-\tau)\right]$$

因为 $y(\tau)$ 与 $\dot{y}(\tau)$ 相比是更高级的微小量,所以将其略去,因此上式变为

$$\Delta y(t) = e^{-\xi\omega(t-\tau)}\left[\frac{\dot{y}(\tau)}{\omega'}\sin\omega'(t-\tau)\right] = e^{-\xi\omega(t-\tau)}\frac{P(\tau)\Delta\tau}{m\omega'}\sin\omega'(t-\tau)$$

上式中的位移 $\Delta y(t)$ 是由 $t=\tau$ 时刻微小冲量 $P(\tau)\Delta\tau$ 引起的。每个微小冲量均会产生动量的改变,将其看做初始的扰动,由此初始扰动均会引起 $t$ 时刻的位移,将整个加载过程中的微小冲量引起的 $t$ 时刻的位移叠加起来,这是个积分的过程。即

$$y(t) = \int_0^t e^{-\xi\omega(t-\tau)}\frac{P(\tau)}{m\omega'}\sin\omega'(t-\tau)\mathrm{d}\tau = \frac{1}{m\omega'}\int_0^t e^{-\xi\omega(t-\tau)}P(\tau)\sin\omega'(t-\tau)\mathrm{d}\tau \tag{10-13}$$

上式是在 $0\sim t$ 时间段内由荷载 $P(t)$ 引起的 $t$ 时刻质点的位移。此积分式称为杜哈米(Duhamel)积分。若忽略阻尼,即 $\xi=0$,上式变为

$$y(t) = \frac{1}{m\omega}\int_0^t P(\tau)\sin\omega(t-\tau)\mathrm{d}\tau \tag{10-14}$$

若 $t=0$ 时刻存在初速度 $\dot{y}_0$ 和初位移 $y_0$,则 $t$ 时刻质点的位移

$$y(t) = e^{-\xi\omega(t-\tau)}\left(y_0\cos\omega't + \frac{\dot{y}_0 + \xi\omega y_0}{\omega'}\sin\omega't\right) + \frac{1}{m\omega'}\int_0^t e^{-\xi\omega(t-\tau)}P(\tau)\sin\omega'(t-\tau)\mathrm{d}\tau \tag{10-15}$$

下面对几种常见的动力荷载进行分析。

1. 突加常值荷载

荷载突然作用在结构上,并且较长时间作用在结构上。如起重机起吊重物时产生的荷载。其荷载–时间曲线如图 10-37(a)所示,函数表达式为 $P(t) = P_0(t \geqslant 0)$。

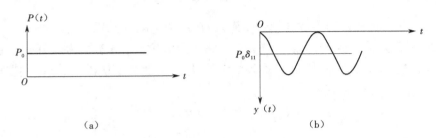

图 10-37 突加常值荷载

将动荷载的表达式代入杜哈米积分式(10-13),得

$$y(t) = \frac{1}{m\omega'} \int_0^t e^{-\xi\omega(t-\tau)} P(\tau) \sin \omega'(t-\tau) d\tau$$

$$= \frac{1}{m\omega'} \int_0^t e^{-\xi\omega(t-\tau)} P_0 \sin \omega'(t-\tau) d\tau$$

$$= \frac{P_0}{m\omega'} \cdot \frac{1}{\xi^2\omega^2 + \omega'^2} [\omega' - e^{-\xi\omega t}(\omega' \cos \omega' t + \xi\omega \sin \omega' t)]$$

因为 $\omega' = \omega\sqrt{1-\xi^2}$，所以有 $\omega'^2 + \xi^2\omega^2 = \omega^2$，且 $\frac{1}{m\omega^2} = \delta_{11}$，所以有

$$y(t) = \frac{P_0}{m\omega'} \cdot \frac{1}{\omega^2} [\omega' - e^{-\xi\omega t}(\omega' \cos \omega' t + \xi\omega \sin \omega' t)]$$

$$= \frac{P_0 \delta_{11}}{\omega'} [\omega' - e^{-\xi\omega t}(\omega' \cos \omega' t + \xi\omega \sin \omega' t)]$$

$$= P_0 \delta_{11} \left[ 1 - \frac{e^{-\xi\omega t}}{\sqrt{1-\xi^2}} \cos(\omega' t - \gamma) \right] = y_s + y_d$$

式中
$$\gamma = \arctan \frac{\xi}{\sqrt{1-\xi^2}}$$

$$y_s = P_0 \delta_{11}$$

$$y_d = -P_0 \delta_{11} \left[ \frac{e^{-\xi\omega t}}{\sqrt{1-\xi^2}} \cos(\omega' t - \gamma) \right]$$

从上述表达式可以看出，在突加常值荷载 $P(t) = P_0 (t \geq 0)$ 作用下，体系的位移时程分成两部分：一部分是静位移 $y_s = P_0 \delta_{11}$；另一部分是动位移 $y_d = -P_0 \delta_{11} \left[ \frac{e^{-\xi\omega t}}{\sqrt{1-\xi^2}} \cos(\omega' t - \gamma) \right]$，动位移的振幅是逐渐衰减的。

若忽略阻尼，即 $\xi = 0$，则位移表达式为

$$y(t) = P_0 \delta_{11}(1 - \cos \omega t) = 2P_0 \delta_{11} \left( \sin \frac{\omega t}{2} \right)^2$$

从上述表达式可以看出，当忽略阻尼时，体系的位移是不衰减的，动位移的最大值是 $2P_0 \delta_{11}$，相当于静位移的 2 倍，所以动力系数为 2。忽略阻尼时的位移时程如图 10-37(b) 所示。

2. 突加短时荷载

在 $t = 0$ 时刻突加荷载 $P_0$ 且保持不变，然后在 $t = t_1$ 时刻突然卸去，这种荷载称为突加短时荷载，如图 10-38(a) 所示。动荷载的函数表达式为

$$P(t) = \begin{cases} P_0, & t \leq t_1 \\ 0, & t > t_1 \end{cases}$$

如图 10-38(a) 中虚线所示，可将荷载分解成两部分：一个是从 $t = 0$ 时刻突加荷载 $P_0$，且保持不变；另一个是从 $t = t_1$ 时刻突加荷载 $-P_0$，且保持不变。将两个荷载叠加起来就是原荷载。这样分解的意义在于有效利用突加常值荷载时得到的位移时程。

忽略阻尼，并分两个时间段讨论。

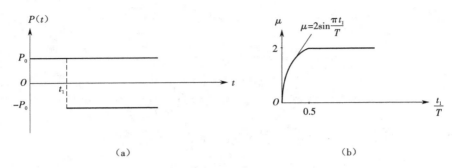

（a）　　　　　　　　　　　　　（b）

**图 10 – 38　突加短时荷载**

1）当 $t \leqslant t_1$ 时

此时的荷载情况与前面讲述的突加常值荷载时一样,所以可得此段的位移时程为

$$y(t) = P_0 \delta_{11}(1 - \cos \omega t) = 2P_0 \delta_{11}\left(\sin \frac{\omega t}{2}\right)^2 \tag{a}$$

2）当 $t > t_1$ 时

根据叠加原理可得

$$\begin{aligned} y(t) &= P_0 \delta_{11}(1 - \cos \omega t) - P_0 \delta_{11}[1 - \cos \omega(t - t_1)] \\ &= P_0 \delta_{11}[\cos \omega(t - t_1) - \cos \omega t] \\ &= 2P_0 \delta_{11}\sin \omega\left(t - \frac{t_1}{2}\right)\sin \frac{\omega t_1}{2} \end{aligned} \tag{b}$$

下面讨论动位移的最大值。$t_1$ 的大小决定了荷载 $P_0$ 作用在体系上的时间长短。按 $t_1$ 的大小分两种情况讨论动位移的最大值。

1）$t_1 > \dfrac{T}{2}$ 时

此时位移最大值出现在 $t \leqslant t_1$ 段内,可利用表达式(a)求得动位移最大值。

对于表达式(a),当 $t = \dfrac{T}{2}$ 时,$\omega t = \dfrac{\omega T}{2} = \pi$,此时动位移取得最大值,即

$$y_{\max} = 2P_0 \delta_{11}$$

动力系数

$$\mu = 2$$

2）$t_1 \leqslant \dfrac{T}{2}$ 时

此时位移最大值出现在 $t > t_1$ 段内,可利用表达式(b)求得动位移最大值。

对于表达式(b),当 $t - \dfrac{t_1}{2} = \dfrac{T}{4}$ 时,$\omega\left(t - \dfrac{t_1}{2}\right) = \dfrac{\omega T}{4} = \dfrac{\pi}{2}$,此时动位移取得最大值,即

$$y_{\max} = 2P_0 \delta_{11}\sin \frac{\omega t_1}{2}$$

动力系数

$$\mu = 2\sin \frac{\omega t_1}{2} = 2\sin\left(\pi \cdot \frac{t_1}{T}\right)$$

上式表明,当荷载作用的时间很短时,即 $t_1 \leqslant \dfrac{T}{2}$,位移的最大值与 $\omega t_1$ 的大小有关。因为 $\omega t_1$ $= 2\pi \cdot \dfrac{t_1}{T}$,可以说 $\dfrac{t_1}{T}$ 的大小决定了动位移的大小,或者说荷载作用的时间长短决定了其动力效果。其关系曲线如图 10-38(b)所示

3. 三角形冲击荷载

爆炸荷载可看做是一种三角形冲击荷载,如图 10-39(a)所示。动荷载的函数表达式为

$$P(t) = P_0 \left( 1 - \frac{t}{t_1} \right)$$

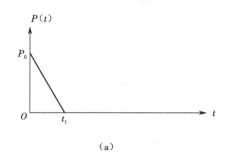
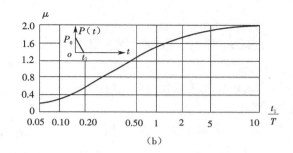

(a)                (b)

**图 10-39 三角形冲击荷载**

忽略阻尼,并分两个时间段讨论。

1)当 $t \leqslant t_1$ 时

将荷载表达式代入式(10-14),可得此段的位移时程

$$y(t) = \frac{1}{m\omega} \int_0^t P(\tau) \sin \omega(t-\tau) \mathrm{d}\tau = \frac{1}{m\omega} \int_0^t P_0 \left( 1 - \frac{t}{t_1} \right) \sin \omega(t-\tau) \mathrm{d}\tau$$

$$= \frac{P_0}{m\omega^2} \left( 1 - \cos \omega t - \frac{t}{t_1} + \frac{\sin \omega t}{\omega t_1} \right) \tag{a}$$

2)当 $t > t_1$ 时

$$y(t) = \frac{1}{m\omega} \int_0^{t_1} P(\tau) \sin \omega(t-\tau) \mathrm{d}\tau = \frac{1}{m\omega} \int_0^{t_1} P_0 \left( 1 - \frac{t}{t_1} \right) \sin \omega(t-\tau) \mathrm{d}\tau$$

$$= \frac{P_0}{m\omega^2} \left( -\cos \omega t + \frac{\sin \omega t}{\omega t_1} - \frac{\sin \omega(t-t_1)}{\omega t_1} \right) \tag{b}$$

可用求极值的方法求得动力系数 $\mu$,与突加短时荷载一样,$\mu$ 的大小与 $\dfrac{t_1}{T}$ 有关,如图 10-39(b)所示。

4. 地震荷载

将建筑物简化为单自由度体系,如图 10-40 所示。由于地面运动,引起质点振动。设地面位移为 $y_f(t)$,地面加速度为 $\ddot{y}_f(t)$,质点相对于地面的位移为 $y(t)$,则任一时刻质点的总位移为 $y_f(t) + y(t)$。

取质点为隔离体,引入惯性力,列出平衡方程为

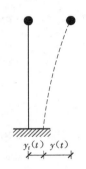

**图 10 - 40　地震荷载**

$$I(t) + D(t) + S(t) = 0$$
$$I(t) = -m(\ddot{y} + \ddot{y}_f)$$

设体系的阻尼系数为 $c$，则阻尼力

$$D(t) = -c\dot{y}$$

设体系的刚度系数为 $k_{11}$，约束力

$$S(t) = -k_{11}y$$

将惯性力、阻尼力、约束力的表达式代入平衡方程，整理得运动方程：

$$m\ddot{y} + c\dot{y} + k_{11}y = -m\ddot{y}_f$$

从运动方程可以看出，可将方程右边 $-m\ddot{y}_f$ 项视为干扰力，利用杜哈米积分式(10 - 13)可求出此时质点的动位移，即

$$
\begin{aligned}
y(t) &= \frac{1}{m\omega'}\int_0^t e^{-\xi\omega(t-\tau)}P(\tau)\sin\omega'(t-\tau)\mathrm{d}\tau \\
&= \frac{1}{m\omega'}\int_0^t e^{-\xi\omega(t-\tau)}(-m\ddot{y}_f(\tau))\sin\omega'(t-\tau)\mathrm{d}\tau \\
&= -\frac{1}{\omega'}\int_0^t \ddot{y}_f(\tau)e^{-\xi\omega(t-\tau)}\sin\omega'(t-\tau)\mathrm{d}\tau
\end{aligned}
$$

只要将地面加速度时程代入上式，即可得到质点的动位移时程。

# 10.7　多自由度体系的自由振动

前几节讲述的是单自由度体系的自由振动及强迫振动。从这节开始研究多自由度体系的振动问题，包括自由振动及强迫振动。多自由度体系在强迫振动时的动力反应与该体系的动力特性有着密切的关系，所以首先从自由振动问题开始研究。

从单自由度体系的振动问题可以看出，阻尼对振动的影响很小，对多自由度体系也是如此，所以在此略去阻尼的影响。

研究多自由度体系的自由振动，首先要建立运动方程，然后求解方程就可得到自由振动的解。建立运动方程有两种方法：柔度法和刚度法。下面分别介绍这两种方法。

1. 柔度法

首先以两个自由度体系为例，说明用柔度法建立及求解运动方程的过程，然后再推广到

多自由度体系。

1）两个自由度体系

如图 10 −41(a)所示两个自由度体系,两个质点的质量分别为 $m_1$, $m_2$,忽略梁的自重。任一时刻 $t$ 两个质点的位移分别为 $y_1(t)$, $y_2(t)$。为了用柔度法建立此两个自由度体系的运动方程,现定义体系的四个柔度系数 $\delta_{11}$, $\delta_{21}$, $\delta_{12}$, $\delta_{22}$。如图 10 −41(b)所示,$\delta_{11}$, $\delta_{21}$ 表示当单位力作用在质点 $m_1$ 处时引起的质点 $m_1$ 处及质点 $m_2$ 处的位移。如图 10 −41(c)所示,$\delta_{12}$, $\delta_{22}$ 则表示当单位力作用在质点 $m_2$ 处时引起的质点 $m_1$ 处及质点 $m_2$ 处的位移。根据位移互等关系,有 $\delta_{12} = \delta_{21}$。

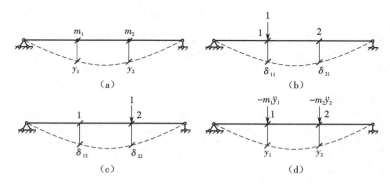

图 10 −41　用柔度法建立两个自由度体系的运动方程

因为没有外荷载作用,所以在任一时刻 $t$,作用在梁上的力只有质点 $m_1$ 处的惯性力 $-m_1\ddot{y}_1$ 及质点 $m_2$ 处的惯性力 $-m_2\ddot{y}_2$,如图 10 −41(d)所示。根据柔度系数的定义,有如下方程成立:

$$\begin{cases} y_1 = \delta_{11}(-m_1\ddot{y}_1) + \delta_{12}(-m_2\ddot{y}_2) \\ y_2 = \delta_{21}(-m_1\ddot{y}_1) + \delta_{22}(-m_2\ddot{y}_2) \end{cases}$$

将上式整理得

$$\left. \begin{array}{l} \delta_{11}(m_1\ddot{y}_1) + \delta_{12}(m_2\ddot{y}_2) + y_1 = 0 \\ \delta_{21}(m_1\ddot{y}_1) + \delta_{22}(m_2\ddot{y}_2) + y_2 = 0 \end{array} \right\} \tag{10-16}$$

式(10 −16)是用柔度法建立的两个自由度体系的运动方程组,现求解此方程组。设此方程组存在以下形式的解:

$$\begin{cases} y_1 = C_1\sin(\omega t + \varphi) \\ y_2 = C_2\sin(\omega t + \varphi) \end{cases}$$

将上式对时间 $t$ 求两次导数,得

$$\begin{cases} \ddot{y}_1 = -C_1\omega^2\sin(\omega t + \varphi) \\ \ddot{y}_2 = -C_2\omega^2\sin(\omega t + \varphi) \end{cases}$$

将位移及加速度表达式代入式(10 −16),得

$$\left. \begin{array}{l} \sin(\omega t + \varphi)\left[(\delta_{11}m_1\omega^2 - 1)C_1 + \delta_{12}m_2\omega^2 C_2\right] = 0 \\ \sin(\omega t + \varphi)\left[\delta_{21}m_1\omega^2 C_1 + (\delta_{22}m_2\omega^2 - 1)C_2\right] = 0 \end{array} \right\} \tag{10-17}$$

上述方程组对任一时刻 $t$ 均成立,因此可消去 $\sin(\omega t + \varphi)$,变为

$$\left.\begin{array}{l} (\delta_{11}m_1\omega^2 - 1)C_1 + \delta_{12}m_2\omega^2 C_2 = 0 \\ \delta_{21}m_1\omega^2 C_1 + (\delta_{22}m_2\omega^2 - 1)C_2 = 0 \end{array}\right\} \qquad (10-18)$$

容易看出上式是二元齐次线性方程组,其存在非零解的充分必要条件是系数行列式为零,即

$$\begin{vmatrix} \delta_{11}m_1\omega^2 - 1 & \delta_{12}m_2\omega^2 \\ \delta_{21}m_1\omega^2 & \delta_{22}m_2\omega^2 - 1 \end{vmatrix} = 0$$

将其展开,得

$$m_1 m_2 (\delta_{11}\delta_{22} - \delta_{12}^2)\omega^4 - (m_1\delta_{11} + m_2\delta_{22})\omega^2 + 1 = 0 \qquad (10-19)$$

式(10 - 19)称为频率方程(或称为特征值方程),可以证明此方程有两个实根,分别为 $\omega_1$,$\omega_2$。设 $\omega_1 < \omega_2$,称 $\omega_1$ 为第一频率或基本频率,$\omega_2$ 为第二频率。

将 $\omega = \omega_1$ 代入式(10 - 18),可求得两个质点振幅的比值

$$\frac{C_1(2)}{C_1(1)} = \frac{\dfrac{1}{\omega_1^2} - m_1\delta_{11}}{m_2\delta_{12}} = \rho_1 \qquad (10-20)$$

同理,将 $\omega = \omega_2$ 代入式(10 - 18),也可求得两个质点振幅的比值

$$\frac{C_2(2)}{C_2(1)} = \frac{\dfrac{1}{\omega_2^2} - m_1\delta_{11}}{m_2\delta_{12}} = \rho_2 \qquad (10-21)$$

由所设解的形式可知,当此两个自由度体系按第一频率 $\omega_1$ 振动时,任一时刻两个自由度作同步振动,两个质点的位移始终保持同一比例,即 $\dfrac{y_2}{y_1} = \dfrac{C_1(2)}{C_1(1)} = \rho_1$,这种特殊的振动形式称为第一主振型,简称第一振型;当此两个自由度体系按第二频率 $\omega_2$ 振动时,任一时刻两个质点的位移比为 $\dfrac{y_2}{y_1} = \dfrac{C_2(2)}{C_2(1)} = \rho_2$,这种特殊的振动形式称为第二主振型,简称第二振型。第一振型和第二振型是此两个自由度体系的重要动力特性。当此体系按第一(或第二)振型振动时就像是单自由度体系一样,独立的位移变量只有一个。这两种特殊的振动形式只在以下特定的初始条件下才会发生。

初始条件 1:$\dfrac{y_{20}}{y_{10}} = \rho_1$,$\dfrac{\dot{y}_{20}}{\dot{y}_{10}} = \rho_1$,即质点 $m_2$ 的初位移与质点 $m_1$ 的初位移之比为 $\rho_1$,质点 $m_2$ 的初速度与质点 $m_1$ 的初速度之比也为 $\rho_1$。在此条件下,体系将按第一振型振动。

初始条件 2:$\dfrac{y_{20}}{y_{10}} = \rho_2$,$\dfrac{\dot{y}_{20}}{\dot{y}_{10}} = \rho_2$,即质点 $m_2$ 的初位移与质点 $m_1$ 的初位移之比为 $\rho_2$,质点 $m_2$ 的初速度与质点 $m_1$ 的初速度之比也为 $\rho_2$。在此条件下,体系将按第二振型振动。

在一般的初始条件下,体系的振动形式为第一振型与第二振型的线性叠加,即

$$\left.\begin{array}{l} y_1 = C_1(1)\sin(\omega_1 t + \varphi_1) + C_2(1)\sin(\omega_2 t + \varphi_2) \\ y_2 = C_1(2)\sin(\omega_1 t + \varphi_1) + C_2(2)\sin(\omega_2 t + \varphi_2) \end{array}\right\} \qquad (10-22)$$

式中

$$\frac{C_1(2)}{C_1(1)} = \rho_1 \qquad \frac{C_2(2)}{C_2(1)} = \rho_2$$

位移表达式中的未知量为 $C_1(1),C_2(1),\varphi_1,\varphi_2$,分别由四个初始条件决定。初始条件分别是质点 $m_1$ 的初位移与初速度和质点 $m_2$ 的初位移与初速度。由式(10－22)可以看出,在一般的初始条件下,质点的位移不再是简谐振动形式,而且两个质点的位移也不再保持同一比例,体系的振动形式也在随时间变化。

2)任意 $n$ 个自由度体系

前面用柔度法推导了两个自由度体系的自由振动,可将此方法推广到任意 $n$ 个自由度体系。如图 10－42(a)所示,$n$ 个质点的质量分别为 $m_1,m_2,\cdots,m_n$。$n$ 个自由度体系的柔度系数为 $\delta_{ij}(i=1,2,\cdots,n;j=1,2,\cdots,n)$,其含义是当在第 $j$ 个质点处加单位力时引起的质点 $i$ 处的位移,如图 10－42(b)所示。

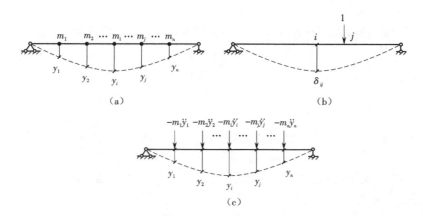

**图 10－42　用柔度法建立 $n$ 个自由度体系的运动方程**

任一时刻 $t$,各质点的位移为 $y_1,y_2,\cdots,y_n$,作用在梁上的各质点处的惯性力是 $-m_1\ddot{y}_1$,$-m_2\ddot{y}_2,\cdots,-m_n\ddot{y}_n$,如图 10－42(c)所示。用柔度法对各自由度建立平衡方程,有

$$\begin{cases} y_1 = \delta_{11}(-m_1\ddot{y}_1) + \delta_{12}(-m_2\ddot{y}_2) + \cdots + \delta_{1n}(-m_n\ddot{y}_n) \\ y_2 = \delta_{21}(-m_1\ddot{y}_1) + \delta_{22}(-m_2\ddot{y}_2) + \cdots + \delta_{2n}(-m_n\ddot{y}_n) \\ \qquad\qquad\qquad\qquad\vdots \\ y_n = \delta_{n1}(-m_1\ddot{y}_1) + \delta_{n2}(-m_2\ddot{y}_2) + \cdots + \delta_{nn}(-m_n\ddot{y}_n) \end{cases}$$

或

$$\left.\begin{aligned} \delta_{11}(m_1\ddot{y}_1) + \delta_{12}(m_2\ddot{y}_2) + \cdots + \delta_{1n}(m_n\ddot{y}_n) + y_1 = 0 \\ \delta_{21}(m_1\ddot{y}_1) + \delta_{22}(m_2\ddot{y}_2) + \cdots + \delta_{2n}(m_n\ddot{y}_n) + y_2 = 0 \\ \vdots \\ \delta_{n1}(m_1\ddot{y}_1) + \delta_{n2}(m_2\ddot{y}_2) + \cdots + \delta_{nn}(m_n\ddot{y}_n) + y_n = 0 \end{aligned}\right\} \qquad (10-23)$$

上式就是用柔度法建立的平衡方程。将其转换成矩阵的形式为

$$\boldsymbol{FM\ddot{Y}} + \boldsymbol{Y} = \boldsymbol{0} \qquad\qquad (10-24)$$

式中　$\boldsymbol{F}$——柔度矩阵,由 $n^2$ 个柔度系数组成;

　　　$\boldsymbol{M}$——质量矩阵,是由各自由度的质量组成的对角矩阵;

　　　$\boldsymbol{Y}$——位移列阵,表示各自由度的位移;

　　　$\boldsymbol{\ddot{Y}}$——加速度列阵,表示各自由度的加速度。

$$F = \begin{bmatrix} \delta_{11} & \delta_{12} & \cdots & \delta_{1n} \\ \delta_{21} & \delta_{22} & \cdots & \delta_{2n} \\ \vdots & \vdots & & \vdots \\ \delta_{n1} & \delta_{n2} & \cdots & \delta_{nn} \end{bmatrix} \quad M = \begin{bmatrix} m_1 & 0 & \cdots & 0 \\ 0 & m_2 & \cdots & 0 \\ \vdots & \vdots & & \vdots \\ 0 & 0 & \cdots & m_n \end{bmatrix}$$

$$Y = \begin{Bmatrix} y_1 \\ y_2 \\ \vdots \\ y_n \end{Bmatrix} \quad \ddot{Y} = \begin{Bmatrix} \ddot{y}_1 \\ \ddot{y}_2 \\ \vdots \\ \ddot{y}_n \end{Bmatrix}$$

与两个自由度体系类似,设方程式(10 − 24)的特解为

$$Y = C\sin(\omega t + \varphi) \tag{10-25}$$

式中　$C$——振幅列阵,表示各自由度作自由振动时的幅值,且有

$$C = \begin{Bmatrix} C_1 \\ C_2 \\ \vdots \\ C_n \end{Bmatrix}$$

将式(10 − 25)代入式(10 − 24),并去掉 $\sin(\omega t + \varphi)$ 项,整理后得

$$(-\omega^2 FM + I)C = 0 \tag{10-26}$$

式(10 − 26)是关于振幅列阵的齐次线性方程组,求出的振幅列阵称为振型,所以将其称为振型方程组,它有非零解的条件是系数行列式为零,即

$$|-\omega^2 FM + I| = 0 \tag{10-27}$$

将行列式展开,就可得到 $\omega^2$ 的 $n$ 次方程。求解方程可得到 $\omega^2$ 的 $n$ 个根,并将这些根从小到大排列,即 $\omega_1 < \omega_2 < \cdots < \omega_n$,依次称为第一频率、第二频率、……、第 $n$ 频率。

将求得的各阶频率 $\omega_j(j = 1,2,\cdots,n)$ 依次代入式(10 − 26)。因为方程组的系数行列式为零,说明这 $n$ 个方程是线性相关的,从这 $n$ 个方程中只能求出 $n$ 个自由度振幅的比值,若想确定各自由度的振幅,还需要补充一个方程。令第一个自由度的振幅为1,这时求出的振幅列阵称为规准化的振型列阵,用 $\Phi_j(j = 1,2,\cdots,n)$ 表示。

$$\left.\begin{aligned} (-\omega_j{}^2 FM + I)\Phi_j &= 0 \\ \Phi_j(1) &= 1 \end{aligned}\right\} \quad (j = 1,2,\cdots,n) \tag{10-28}$$

将求出的各阶振型写成矩阵的形式,此矩阵称为振型矩阵,用 $\Phi$ 表示,且

$$\Phi = [\Phi_1, \Phi_2, \cdots, \Phi_n]$$

也可写成展开的形式

$$\Phi = \begin{bmatrix} 1 & 1 & \cdots & 1 \\ \Phi_1(2) & \Phi_2(2) & \cdots & \Phi_n(2) \\ \vdots & \vdots & & \vdots \\ \Phi_1(n) & \Phi_2(n) & \cdots & \Phi_n(n) \end{bmatrix}$$

与两个自由度体系类似,这 $n$ 个自振频率及相应的振型是 $n$ 个自由度体系固有的动力特性。在特定的初始条件下,体系将以 $\omega_j(j = 1,2,\cdots,n)$ 为频率,各自由度的振幅之比为 $\Phi_j$ $(j = 1,2,\cdots,n)$ 作自由振动。在振动过程中,任一时刻质点的位移之比也保持 $\Phi_j(j = 1,2,$

$\cdots,n$)的形式,此时的振动就相当于一单自由度体系。特定的初始条件为在 $t=0$ 时刻,各自由度位移之比为 $\Phi_j(j=1,2,\cdots,n)$ 的形式,各自由度速度之比也为 $\Phi_j(j=1,2,\cdots,n)$ 的形式。在一般的初始条件下,位移列阵是各振型列阵的线性叠加。

【**例 10 – 13**】 图 10 – 43(a)所示为一简支梁,梁上三分点处的两个集中质量均为 $m$,忽略梁的自重,梁的弯曲刚度 $EI$ 为常数,试求体系的自振频率及振型。

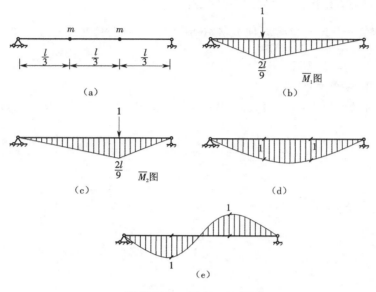

**图 10 – 43  例 10 – 13 图**

【**解**】 (1)求柔度系数 $\delta_{ij}(i=1,2;j=1,2)$

绘出 $\overline{M}_1$ 图及 $\overline{M}_2$ 图,如图 10 – 43(b)及图 10 – 43(c)所示,用图乘法求得各柔度系数:

$$\delta_{11}=\delta_{22}=\frac{4}{243}\frac{l^3}{EI} \qquad \delta_{12}=\delta_{21}=\frac{7}{486}\frac{l^3}{EI}$$

(2)求自振频率

将求得的各柔度系数代入式(10 – 19),得

$$m_1 m_2(\delta_{11}\delta_{22}-\delta_{12}^2)\omega^4-(m_1\delta_{11}+m_2\delta_{22})\omega^2+1=0$$

求解上式,得

$$\omega_1=\sqrt{\frac{162}{5}\frac{EI}{ml^3}}=5.69\sqrt{\frac{EI}{ml^3}} \qquad \omega_2=\sqrt{486\frac{EI}{ml^3}}=22\sqrt{\frac{EI}{ml^3}}$$

(3)求振型

$$\rho_1=\frac{\dfrac{1}{\omega_1^2}-m_1\delta_{11}}{m_2\delta_{12}}=\frac{\dfrac{5}{162}\dfrac{ml^3}{EI}-\dfrac{4}{243}\dfrac{ml^3}{EI}}{\dfrac{7}{486}\dfrac{ml^3}{EI}}=1$$

$$\rho_2=\frac{\dfrac{1}{\omega_2^2}-m_1\delta_{11}}{m_2\delta_{12}}=\frac{\dfrac{1}{486}\dfrac{ml^3}{EI}-\dfrac{4}{243}\dfrac{ml^3}{EI}}{\dfrac{7}{486}\dfrac{ml^3}{EI}}=-1$$

从计算结果可以看出,第一振型表示质点 1 处的振幅与质点 2 处的振幅相等,如图 10－43(d)所示,在任一时刻质点 1 处的位移均等于质点 2 处的位移,其振动形式是对称的;而第二振型表示质点 1 处的振幅与质点 2 处的振幅互为反号,如图 10－43(e)所示,在任一时刻质点 1 处的位移均与质点 2 处的位移方向相反,其振动形式是反对称的。

此例反映了一个普遍规律:若体系的形式是对称的,则其主振型只有两种形式:对称和反对称。这个规律适用于任一具有对称形式的多自由度体系。

**【例 10－14】** 图 10－44 所示刚架各杆 $EI$ 为常数,弹簧刚度 $k = \dfrac{3EI}{l^3}$ ,求此体系的自振频率及振型。

**【解】** (1)求柔度系数

作 $\overline{M}_1$、$\overline{M}_2$ 图,如图 10－44(b)及图 10－44(c)所示。用图乘法求得各柔度系数:

$$\delta_{11} = \frac{1}{EI}\left( \frac{1}{2} \times \frac{l}{2} \times \frac{l}{2} \times \frac{2}{3} \times \frac{l}{2} + \frac{1}{2} \times \frac{l}{2} \times l \times \frac{2}{3} \times \frac{l}{2} \right) + \frac{\frac{1}{2} \times \frac{1}{2}}{k} = \frac{5l^3}{24EI}$$

$$\delta_{22} = \frac{1}{EI} \times 2 \times \left( \frac{1}{2} \times \frac{l}{4} \times \frac{l}{2} \times \frac{2}{3} \times \frac{l}{4} \right) + \frac{\frac{1}{2} \times \frac{1}{2}}{k} = \frac{5l^3}{48EI}$$

$$\delta_{12} = \frac{1}{EI}\left( \frac{1}{2} \times \frac{l}{4} \times l \times \frac{1}{2} \times \frac{l}{2} \right) + \frac{\frac{1}{2} \times \frac{1}{2}}{k} = \frac{11l^3}{96EI}$$

(2)求频率

频率方程为

$$m_1 m_2 (\delta_{11}\delta_{22} - \delta_{12}^2) \omega^4 - (m_1\delta_{11} + m_2\delta_{22}) \omega^2 + 1 = 0$$

将各柔度系数代入上式,并整理得

$$3m^2 \left[ \frac{5l^3}{24EI} \times \frac{5l^3}{48EI} - \left( \frac{11l^3}{96EI} \right)^2 \right] \omega^4 - m \left( \frac{5l^3}{24EI} + 3 \times \frac{5l^3}{48EI} \right) \omega^2 + 1 = 0$$

令 $\lambda = \omega^2 \dfrac{ml^3}{EI}$,则有

$$0.025\,7\lambda^2 - 0.520\,8\lambda + 1 = 0$$

求解方程,得

$$\lambda_1 = 2.147\,9 \left( \frac{EI}{ml^3} \right) \quad \lambda_2 = 18.116\,7 \left( \frac{EI}{ml^3} \right)$$

$$\omega_1 = 1.465\,6 \sqrt{\frac{EI}{ml^3}} \quad \omega_2 = 4.256\,4 \sqrt{\frac{EI}{ml^3}}$$

(3)求振型

$$\rho_1 = \frac{\dfrac{1}{\omega_1^2} - m_1\delta_{11}}{m_2\delta_{12}} = \frac{\dfrac{1}{2.147\,9} \times \dfrac{ml^3}{EI} - m\dfrac{5l^3}{24EI}}{3m \times \dfrac{11l^3}{96EI}} = 0.748\,4$$

$$\rho_2 = \frac{\dfrac{1}{\omega_2^2} - m_1\delta_{11}}{m_2\delta_{12}} = \frac{\dfrac{1}{18.116\,7} \times \dfrac{ml^3}{EI} - m\dfrac{5l^3}{24EI}}{3m \times \dfrac{11l^3}{96EI}} = -0.445$$

振型如图 10 - 44(d)和图 10 - 44(e)所示。

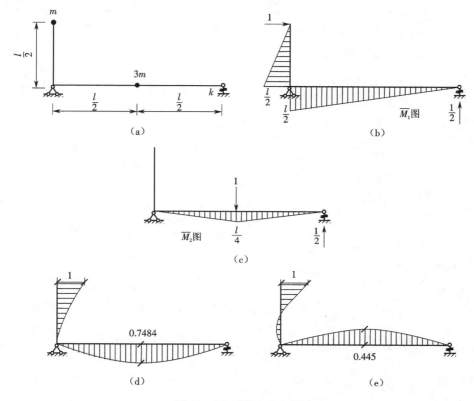

**图 10 - 44　例 10 - 14 图**

【**例 10 - 15**】　图 10 - 45 所示为桁架结构,其 $W = 60$ kN,$EA = 3 \times 10^6$ kN,杆的重量不计,弹簧刚度 $k = 60\,000$ kN/m,求此体系的自振频率。

【**解**】　(1)求柔度系数

作 $\overline{N_1}$、$\overline{N_2}$ 图,得

$$\delta_{11} = \frac{1}{EA}\left[\left(\frac{-5}{6}\right)^2 \times 5 \times 2 + \left(\frac{2}{3}\right)^2 \times 4 \times 2\right] + \frac{\dfrac{1}{2} \times \dfrac{1}{2}}{k} = 7.67 \times 10^{-6}\,(\text{m/N})$$

$$\delta_{22} = \frac{1}{EA}\left[\left(\frac{5}{8}\right)^2 \times 5 \times 2 + \left(\frac{1}{2}\right)^2 \times 4 \times 2\right] + \frac{\dfrac{3}{8} \times \dfrac{3}{8}}{k} = 4.31 \times 10^{-6}\,(\text{m/N})$$

$$\delta_{12} = \frac{1}{EA}\left[\left(\frac{-5}{6}\right) \times \frac{5}{8} \times 5 + \left(\frac{-5}{6}\right) \times \left(-\frac{5}{8}\right) \times 5 + \frac{2}{3} \times \frac{1}{2} \times 4 \times 2\right] + \frac{\dfrac{1}{2} \times \dfrac{3}{8}}{k}$$
$$= 4.02 \times 10^{-6}\,(\text{m/N})$$

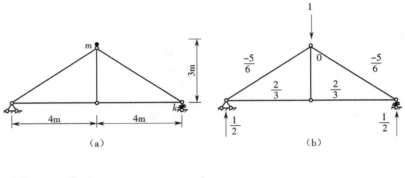

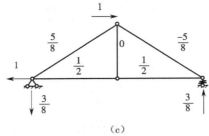

图 10 - 45　例 10 - 15 图

（2）求频率

频率方程为

$$m_1 m_2 (\delta_{11}\delta_{22} - \delta_{12}^2)\omega^4 - (m_1\delta_{11} + m_2\delta_{22})\omega^2 + 1 = 0$$

将各柔度系数代入上式，且有 $m = \dfrac{W}{g} = 6.12 \times 10^3 (\text{kg})$，整理得

$$632.91 \times 10^{-12}\omega^4 - 73.32 \times 10^{-6}\omega^2 + 1 = 0$$

求解方程，得

$$\omega_1^2 = 1.58 \times 10^4 \quad \omega_2^2 = 10.01 \times 10^4$$

$$\omega_1 = 125.698 (1/\text{s}) \quad \omega_2 = 316.386 (1/\text{s})$$

【例 10 - 16】　图 10 - 46(a)所示刚架各杆 $EI$ 为常数，忽略横梁及柱子自重，求此体系的自振频率及振型。

【解】　柱子上的质点均只有水平向位移，而横梁上的质点既有水平位移又有竖向位移，所以此体系有四个自由度。另外，刚架结构是对称的，质量分布也是对称的，因此是一对称体系。根据前面所述，对称体系的主振型一定是对称形式或是反对称形式。因此求解此题时，可根据振型的对称性进行简化。

（1）对称振型

根据振型的对称性取出半刚架，如图 10 - 46(b)所示。显然此半刚架构成的体系自由度是 2，分别是质点 1 处的水平位移和质点 2 处的竖向位移。

作 $\overline{M_1}$、$\overline{M_2}$ 图，如图 10 - 46(c)及图 10 - 46(d)所示，可得

$$\delta_{11} = \frac{1}{EI}\left(\frac{1}{2} \times \frac{l}{4} \times \frac{l}{2} \times \frac{2}{3} \times \frac{l}{4}\right) \times 2 = \frac{l^3}{48EI}$$

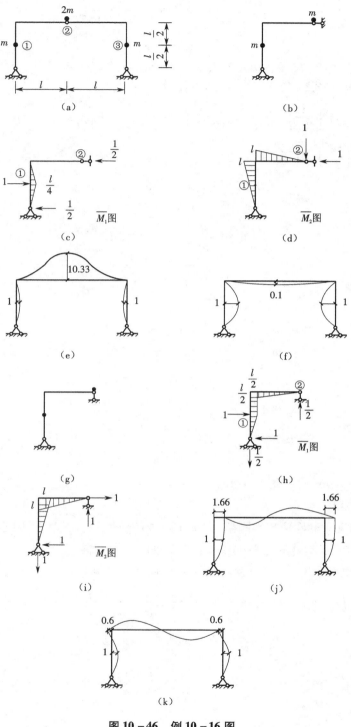

图 10－46 例 10－16 图

$$\delta_{22} = \frac{1}{EI}\left( \frac{1}{2} \times l \times l \times \frac{2}{3} \times l \right) \times 2 = \frac{2l^3}{3EI}$$

$$\delta_{12} = -\frac{1}{EI}\left(\frac{1}{2} \times \frac{l}{4} \times l \times \frac{l}{2}\right) = \frac{-l^3}{16EI}$$

频率方程为

$$m_1 m_2 (\delta_{11}\delta_{22} - \delta_{12}^2)\omega^4 - (m_1\delta_{11} + m_2\delta_{22})\omega^2 + 1 = 0$$

式中，$m_1 = m_2 = m$，将各柔度系数代入，并整理得

$$m^2\left[\frac{l^3}{48EI} \times \frac{2l^3}{3EI} - \left(\frac{l^3}{16EI}\right)^2\right]\omega^4 - m\left(\frac{l^3}{48EI} + \frac{2l^3}{3EI}\right)\omega^2 + 1 = 0$$

令 $\lambda = \omega^2 \cdot \left(\frac{ml^3}{EI}\right)$，则有

$$9.98 \times 10^{-3}\lambda^2 - 0.69\lambda + 1 = 0$$

求解方程，得

$$\lambda_1 = 1.50\left(\frac{EI}{ml^3}\right) \quad \lambda_2 = 67.64\left(\frac{EI}{ml^3}\right)$$

$$\omega_1 = 1.22\sqrt{\frac{EI}{ml^3}} \quad \omega_2 = 8.22\sqrt{\frac{EI}{ml^3}}$$

振型为

$$\rho_1 = \frac{\frac{1}{\omega_1^2} - m_1\delta_{11}}{m_2\delta_{12}} = \frac{\frac{1}{1.50} \times \frac{ml^3}{EI} - \frac{ml^3}{48EI}}{m \times \left(-\frac{l^3}{16EI}\right)} = -10.33$$

$$\rho_2 = \frac{\frac{1}{\omega_2^2} - m_1\delta_{11}}{m_2\delta_{12}} = \frac{\frac{1}{67.64} \times \frac{ml^3}{EI} - \frac{ml^3}{48EI}}{m \times \left(-\frac{l^3}{16EI}\right)} = 0.1$$

振型如图 10-46(e)和图 10-46(f)所示。

(2)反对称振型

根据振型的反对称性取出半刚架，如图 10-46(g)所示。显然此半刚架构成的体系自由度是2，分别是质点1处的水平位移和质点2处的水平位移。

作 $\overline{M}_1$、$\overline{M}_2$ 图，如图 10-46(h)及图 10-46(i)所示，可得

$$\delta_{11} = \frac{1}{EI}\left(\frac{1}{2} \times \frac{l}{2} \times l \times \frac{2}{3} \times \frac{l}{2} + \frac{1}{2} \times \frac{l}{2} \times \frac{l}{2} + \frac{1}{2} \times \frac{l}{2} \times \frac{l}{2} \times \frac{2}{3} \times \frac{l}{2}\right) = \frac{l^3}{4EI}$$

$$\delta_{22} = \frac{1}{EI}\left(\frac{1}{2} \times l \times l \times \frac{2}{3} \times l\right) \times 2 = \frac{2l^3}{3EI}$$

$$\delta_{12} = \frac{1}{EI}\left(\frac{1}{2} \times \frac{l}{2} \times l \times \frac{2}{3} \times l + \frac{l}{2} \times \frac{l}{2} \times \frac{3l}{4} + \frac{1}{2} \times \frac{l}{2} \times \frac{l}{2} \times \frac{2}{3} \times \frac{l}{2}\right) = \frac{19l^3}{48EI}$$

频率方程为

$$m_1 m_2 (\delta_{11}\delta_{22} - \delta_{12}^2)\omega^4 - (m_1\delta_{11} + m_2\delta_{22})\omega^2 + 1 = 0$$

式中，$m_1 = m_2 = m$，将各柔度系数代入，并整理得

$$m^2\left[\frac{l^3}{4EI} \times \frac{2l^3}{3EI} - \left(\frac{19l^3}{48EI}\right)^2\right]\omega^4 - m\left(\frac{l^3}{4EI} + \frac{2l^3}{3EI}\right)\omega^2 + 1 = 0$$

令 $\lambda = \omega^2 \cdot \left( \dfrac{ml^3}{EI} \right)$，则有

$$0.01\lambda^2 - 0.92\lambda + 1 = 0$$

求解方程，得

$$\omega_1 = 1.05 \sqrt{\frac{EI}{ml^3}} \quad \omega_2 = 9.53 \sqrt{\frac{EI}{ml^3}}$$

振型为

$$\rho_1 = \frac{\dfrac{1}{\omega_1^2} - m_1\delta_{11}}{m_2\delta_{12}} = \frac{\dfrac{1}{1} \times \dfrac{ml^3}{EI} - \dfrac{ml^3}{4EI}}{m \times \left( \dfrac{19l^3}{48EI} \right)} = 1.66$$

$$\rho_2 = \frac{\dfrac{1}{\omega_2^2} - m_1\delta_{11}}{m_2\delta_{12}} = \frac{\dfrac{1}{91} \times \dfrac{ml^3}{EI} - \dfrac{ml^3}{4EI}}{m \times \left( \dfrac{19l^3}{48EI} \right)} = -0.60$$

振型如图 10 – 46(j)和图 10 – 46(k)所示。

【例 10 – 17】　图 10 – 47(a)所示为一对称刚架，横梁的弯曲刚度 $EI = \infty$，两根柱子的弯曲刚度 $EI = 6.0$ MN · m²，横梁质量为 1 600 kg，两根柱子上的集中质量均为 300 kg，忽略柱子的自重，求此体系的自振频率及主振型。

【解】　根据前面所述，对称体系的主振型一定是对称形式或是反对称形式。因此求解此题时，可根据振型的对称性进行简化。

（1）对称振型

根据振型的对称性取出半刚架，如图 10 – 47(b)所示。显然此半刚架只有一个自由度，即柱子上质量处的水平位移。

作 $\overline{M}$ 图，如图 10 – 47(c)所示，可得

$$\delta_{11} = \frac{71}{12EI}$$

代入单自由度体系频率计算公式，得

$$\omega_1 = 185.161(1/s)$$

其振型如图 10 – 47(d)所示。

（2）反对称振型

根据振型的反对称性取出半刚架，如图 10 – 47(e)所示。显然此半刚架构成的体系自由度是 2，分别是柱子上质点处的水平位移和横梁的水平位移。

作 $\overline{M_1}$、$\overline{M_2}$ 图，如图 10 – 47(f)及图 10 – 46(g)所示，可得

$$\delta_{11} = \frac{64}{3EI} \quad \delta_{22} = \frac{44}{3EI} \quad \delta_{12} = \frac{32}{3EI}$$

频率方程为

$$m_1 m_2 (\delta_{11}\delta_{22} - \delta_{12}^2)\omega^4 - (m_1\delta_{11} + m_2\delta_{22})\omega^2 + 1 = 0$$

式中，$m_1 = 800$ kg，$m_2 = 300$ kg，将各柔度系数代入，并整理得

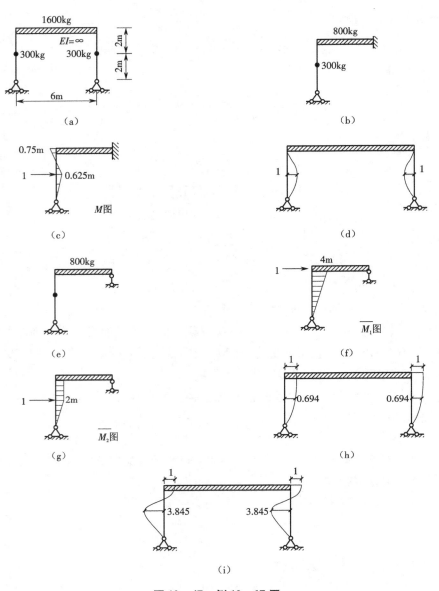

图 10－47　例 10－17 图

$$\omega_1 = 17.271(1/\mathrm{s}) \qquad \omega_2 = 201.021(1/\mathrm{s})$$

振型为

$$\rho_1 = \frac{\dfrac{1}{\omega_1^2} - m_1\delta_{11}}{m_2\delta_{12}} = 0.694$$

$$\rho_2 = \frac{\dfrac{1}{\omega_2^2} - m_1\delta_{11}}{m_2\delta_{12}} = -3.845$$

振型如图 10－47(h)和图 10－47(i)所示。

将三个自振频率进行比较,可知

$$\omega_1 = 17.27(1/s) \quad \omega_2 = 185.16(1/s) \quad \omega_3 = 201.02(1/s)$$

第一振型是反对称振型,第二振型是正对称振型,第三振型是反对称振型。

2. 刚度法

首先以两个自由度体系为例,说明用刚度法建立及求解运动方程的过程,然后再推广到多自由度体系。

1)两个自由度体系

如图 10 – 48(a)所示,两个质点的质量分别为 $m_1$, $m_2$,忽略梁的自重,任一时刻 $t$ 质点的位移分别为 $y_1(t)$, $y_2(t)$。为了用刚度法建立此两个自由度体系的运动方程,现定义体系的四个刚度系数 $k_{11}$, $k_{21}$, $k_{12}$, $k_{22}$。如图 10 – 48(b)所示,为了更容易理解刚度系数的意义,假设在质点 1 及质点 2 处分别加上竖向链杆,然后拉动链杆 1,使之产生单位位移,此时链杆 1 及链杆 2 的支座反力即为 $k_{11}$, $k_{21}$。$k_{11}$, $k_{21}$ 也可以理解为了使质点 $m_1$ 处产生单位位移,而施加在质点 $m_1$ 处及质点 $m_2$ 处的力。如图 10 – 48(c)所示,拉动链杆 2,使之产生单位位移,此时链杆 1 及链杆 2 的支座反力即为 $k_{12}$, $k_{22}$。$k_{12}$, $k_{22}$ 也可以理解为了使质点 $m_2$ 处产生单位位移,而施加在质点 $m_1$ 处及质点 $m_2$ 处的力。根据反力互等定理,有 $k_{12} = k_{21}$。

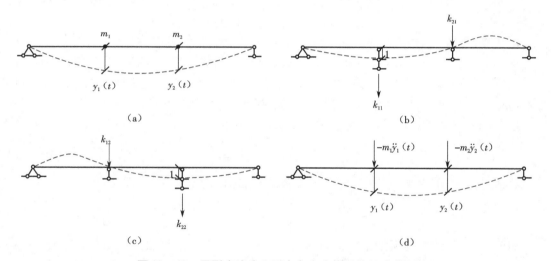

**图 10 – 48　用刚度法建立两个自由度体系的运动方程**

因为所研究的问题是两个自由度体系的自由振动,在振动过程中没有外荷载作用,所以在任一时刻 $t$,作用在梁上的力只有质点 $m_1$ 处的惯性力 $-m_1\ddot{y}_1$ 及质点 $m_2$ 处的惯性力 $-m_2\ddot{y}_2$。根据刚度系数的定义,建立平衡方程,得

$$\begin{cases} -m_1\ddot{y}_1 = k_{11}y_1 + k_{12}y_2 \\ -m_2\ddot{y}_2 = k_{21}y_1 + k_{22}y_2 \end{cases}$$

将上式整理得

$$\left. \begin{array}{l} m_1\ddot{y}_1 + k_{11}y_1 + k_{12}y_2 = 0 \\ m_2\ddot{y}_2 + k_{21}y_1 + k_{22}y_2 = 0 \end{array} \right\} \tag{10 – 29}$$

式(10 – 29)是用刚度法建立的两个自由度体系的运动方程组,现求解此方程组,即寻求方程组的特解。与求解用柔度法建立的方程组的方法类似,将其特解设成下列形式:

$$\begin{cases} y_1 = C_1 \sin(\omega t + \varphi) \\ y_2 = C_2 \sin(\omega t + \varphi) \end{cases}$$

将上式对时间 $t$ 求两次导数，得

$$\begin{cases} \ddot{y}_1 = -C_1 \omega^2 \sin(\omega t + \varphi) \\ \ddot{y}_2 = -C_2 \omega^2 \sin(\omega t + \varphi) \end{cases}$$

将位移及加速度表达式代入式（10 – 29），得

$$\begin{cases} \sin(\omega t + \varphi)\left[(k_{11} - m_1\omega^2)C_1 + k_{12}C_2\right] = 0 \\ \sin(\omega t + \varphi)\left[k_{21}C_1 + (k_{22} - m_2\omega^2)C_2\right] = 0 \end{cases}$$

上述方程组对任一时刻 $t$ 均成立，因此可消去 $\sin(\omega t + \varphi)$，变为

$$\left.\begin{array}{r} (k_{11} - m_1\omega^2)C_1 + k_{12}C_2 = 0 \\ k_{21}C_1 + (k_{22} - m_2\omega^2)C_2 = 0 \end{array}\right\} \qquad (10 - 30)$$

容易看出上式是二元齐次线性方程组，其存在非零解的充分必要条件是系数行列式为零，即

$$\begin{vmatrix} k_{11} - m_1\omega^2 & k_{12} \\ k_{21} & k_{22} - m_2\omega^2 \end{vmatrix} = 0$$

将其展开，得

$$m_1 m_2 \omega^4 - (m_1 k_{22} + m_2 k_{11})\omega^2 + k_{11}k_{22} - k_{12}^2 = 0 \qquad (10 - 31)$$

式（10 – 31）也称为频率方程（或称为特征值方程），可以证明此方程有两个实根，分别为 $\omega_1, \omega_2$。设 $\omega_1 < \omega_2$，称 $\omega_1$ 为第一频率或基本频率，$\omega_2$ 为第二频率。

将 $\omega = \omega_1$ 代入式（10 – 30），可求得两个振幅的比值

$$\frac{C_1(2)}{C_1(1)} = \frac{m_1\omega_1^2 - k_{11}}{k_{12}} = \rho_1 \qquad (10 - 31)$$

同理，将 $\omega = \omega_2$ 代入式（10 – 30），可求得两个振幅的比值

$$\frac{C_2(2)}{C_2(1)} = \frac{m_1\omega_2^2 - k_{11}}{k_{12}} = \rho_2 \qquad (10 - 32)$$

如前面所述，频率与振型是体系固有的动力特性，因此用刚度法求出的频率与振型应该与用柔度法求出的结果一致。

2）任意 $n$ 个自由度体系

前面用刚度法推导了两个自由度体系的自由振动，可将此方法推广到任意 $n$ 个自由度体系。如图 10 – 49（a）所示，$n$ 个质点的质量分别为 $m_1, m_2, \cdots, m_n$。$n$ 个自由度体系的刚度系数为 $k_{ij}(i = 1, 2, \cdots, n; j = 1, 2, \cdots, n)$，其含义是为了使第 $j$ 个质点处产生单位位移，所需施加在质点 $i$ 处的力，如图 10 – 49（b）所示。

任一时刻 $t$，各质点的位移为 $y_1, y_2, \cdots, y_n$，作用在梁上的各质点处的惯性力是 $-m_1\ddot{y}_1$，$-m_2\ddot{y}_2, \cdots, -m_n\ddot{y}_n$，如图 10 – 49（c）所示。用刚度法建立平衡方程

$$\begin{cases} -m_1\ddot{y}_1 = k_{11}y_1 + k_{12}y_2 + \cdots + k_{1n}y_n \\ -m_2\ddot{y}_2 = k_{21}y_1 + k_{22}y_2 + \cdots + k_{2n}y_n \\ \qquad\qquad\qquad \vdots \\ -m_n\ddot{y}_n = k_{n1}y_1 + k_{n2}y_2 + \cdots + k_{nn}y_n \end{cases}$$

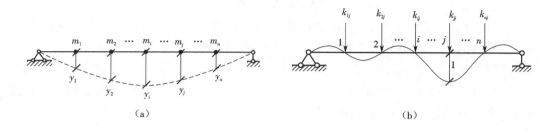

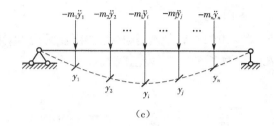

图 10 − 49  用刚度法建立 $n$ 个自由度体系的运动方程

或

$$
\left.
\begin{aligned}
m_1\ddot{y}_1 + k_{11}y_1 + k_{12}y_2 + \cdots + k_{1n}y_n &= 0\\
m_2\ddot{y}_2 + k_{21}y_1 + k_{22}y_2 + \cdots + k_{2n}y_n &= 0\\
\vdots\\
m_n\ddot{y}_n + k_{n1}y_1 + k_{n2}y_2 + \cdots + k_{nn}y_n &= 0
\end{aligned}
\right\}
$$

(10 − 33)

上式就是用刚度法建立的平衡方程。将其换成矩阵的形式为

$$M\ddot{Y} + KY = 0$$

(10 − 34)

式中：$K$ 称为刚度矩阵，由 $n^2$ 个刚度系数组成。

$$
K = \begin{bmatrix}
k_{11} & k_{12} & \cdots & k_{1n}\\
k_{21} & k_{22} & \cdots & k_{2n}\\
\vdots & \vdots & & \vdots\\
k_{n1} & k_{n2} & \cdots & k_{nn}
\end{bmatrix}
$$

与两个自由度体系类似，设方程式(10 − 34)存在下列形式的特解

$$Y = C\sin(\omega t + \varphi)$$

(10 − 35)

式中：$C$ 称为振幅列阵，表示各自由度作自由振动时的幅值。

$$
C = \begin{Bmatrix}
C_1\\
C_2\\
\vdots\\
C_n
\end{Bmatrix}
$$

将式(10 − 35)代入式(10 − 34)，并去掉 $\sin(\omega t + \varphi)$ 项，整理后得

$$(K - \omega^2 M)C = 0$$

(10 − 36)

式(10 − 36)是关于振幅列阵的齐次线性方程组，求出的振幅列阵称为振型，所以将其称为振型方程组，它有非零解的条件是系数行列式为零，即

$$|\boldsymbol{K} - \omega^2 \boldsymbol{M}| = 0 \qquad (10-37)$$

将行列式展开,就可得到 $\omega^2$ 的 $n$ 次方程。求解方程可得到 $\omega^2$ 的 $n$ 个根,并将这些根从小到大排列,即 $\omega_1 < \omega_2 < \cdots < \omega_n$,依次称为第一频率、第二频率、……、第 $n$ 频率。

将求得的各阶频率 $\omega_j(j=1,2,\cdots,n)$ 依次代入式(10-36)。同理,$n$ 个方程中独立的只有 $n-1$ 个,还需要补充一个方程。令第一个自由度的振幅为 1,这时求出的振幅列阵称为规准化的振型列阵,用 $\boldsymbol{\Phi}_j(j=1,2,\cdots,n)$ 表示。有

$$\left. \begin{array}{l} (\boldsymbol{K} - \omega_j^2 \boldsymbol{M})\boldsymbol{\Phi}_j = 0 \\ \boldsymbol{\Phi}_j(1) = 1 \end{array} \right\} \qquad (j=1,2,\cdots,n) \qquad (10-38)$$

【例 10-18】 如图 10-50(a)所示,$AB$ 梁的弯曲刚度无穷大,梁上两个质点质量 $m_1 = m_2 = m$,弹簧刚度均为 $k$,求此体系的频率和主振型。

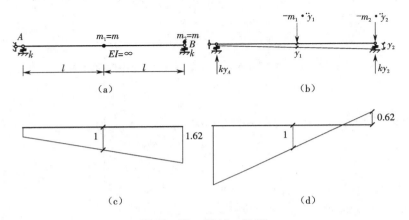

图 10-50 例 10-18 图

【解】 此体系的自由度为 2。设质点 $m_1$ 处位移为 $y_1$,质点 $m_2$ 处位移为 $y_2$。因为梁的刚度无穷大,所以可知任一时刻 $A$ 端的位移

$$y_A = 2y_1 - y_2$$

任一时刻 $t$,作用在梁上的力有惯性力 $-m_1\ddot{y}_1$ 和 $-m_2\ddot{y}_2$,弹簧支座的反力 $ky_A$ 和 $ky_2$,如图 10-50(b)所示。

将所有力对 $B$ 端取矩,由 $\sum M_B = 0$,得

$$-ky_A \cdot 2l - m\ddot{y}_1 \cdot l = 0$$

整理得

$$m\ddot{y}_1 + 4ky_1 - 2ky_2 = 0 \qquad (a)$$

将所有力对 $A$ 端取矩,由 $\sum M_A = 0$,得

$$-ky_2 \cdot 2l - m\ddot{y}_1 \cdot l - m\ddot{y}_2 \cdot 2l = 0$$

整理得

$$m\ddot{y}_1 + 2m\ddot{y}_2 + 2ky_2 = 0 \qquad (b)$$

将式(b)与式(a)相减,得

$$m\ddot{y}_2 - 2ky_1 + 2ky_2 = 0 \qquad (c)$$

将式(a)与式(c)组合,得

$$\begin{cases} m\ddot{y}_1 + 4ky_1 - 2ky_2 = 0 \\ m\ddot{y}_2 - 2ky_1 + 2ky_2 = 0 \end{cases}$$

上述方程组中,刚度矩阵及质量矩阵为

$$K = \begin{bmatrix} k_{11} & k_{12} \\ k_{21} & k_{22} \end{bmatrix} = \begin{bmatrix} 4k & -2k \\ -2k & 2k \end{bmatrix} \quad M = \begin{bmatrix} m & 0 \\ 0 & m \end{bmatrix}$$

$$|K - \omega^2 M| = \begin{vmatrix} 4k - \omega^2 m & -2k \\ -2k & 2k - \omega^2 m \end{vmatrix} = 0$$

将上式展开,得

$$m^2\omega^4 - 6km\omega^2 + 4k^2 = 0$$

求解方程,得

$$\omega_1^2 = 0.76\frac{k}{m} \quad \omega_2^2 = 5.24\frac{k}{m}$$

$$\omega_1 = 0.87\sqrt{\frac{k}{m}} \quad \omega_2 = 2.29\sqrt{\frac{k}{m}}$$

将 $\omega = \omega_1$ 代入式(10 - 31),得

$$\rho_1 = \frac{m_1\omega_1^2 - k_{11}}{k_{12}} = \frac{m \times 0.76\frac{k}{m} - 4k}{-2k} = 1.62$$

将 $\omega = \omega_2$ 代入式(10 - 32),得

$$\rho_2 = \frac{m_1\omega_2^2 - k_{11}}{k_{12}} = \frac{m \times 5.24\frac{k}{m} - 4k}{-2k} = -0.62$$

振型如图 10 - 50(c)和图 10 - 50(d)所示。

**【例 10 - 19】**　图 10 - 51(a)所示三层刚架,各层楼面的质量(包括柱子的质量)分别为 $m_1 = 315$ t,$m_2 = 270$ t,$m_3 = 180$ t,横梁的弯曲刚度是无穷大,各层侧移刚度分别为 $k_1 = 245$ MN/m,$k_2 = 196$ MN/m,$k_3 = 98$ MN/m。求刚架的自振频率和主振型。

**【解】**　(1)求刚度矩阵

每层侧移刚度的物理意义是:该层上、下端发生相对单位侧移时,该层柱子剪力之和。

如图 10 - 51(b)所示,根据第三层侧移刚度,求出三个刚度系数:

$$k_{33} = 98(MN/m) \quad k_{23} = -98(MN/m) \quad k_{13} = 0$$

如图 10 - 51(c)所示,根据第二及第三层侧移刚度,求出三个刚度系数:

$$k_{32} = -98(MN/m) \quad k_{22} = 294(MN/m) \quad k_{12} = -196(MN/m)$$

如图 10 - 51(d)所示,根据第一及第二层侧移刚度,求出三个刚度系数:

$$k_{31} = 0 \quad k_{21} = -196(MN/m) \quad k_{11} = 441(MN/m)$$

于是得刚度矩阵

$$K = \begin{bmatrix} k_{11} & k_{12} & k_{13} \\ k_{21} & k_{22} & k_{23} \\ k_{31} & k_{32} & k_{33} \end{bmatrix} = 98 \times \begin{bmatrix} 4.5 & -2 & 0 \\ -2 & 3 & -1 \\ 0 & -1 & 1 \end{bmatrix}(MN/m)$$

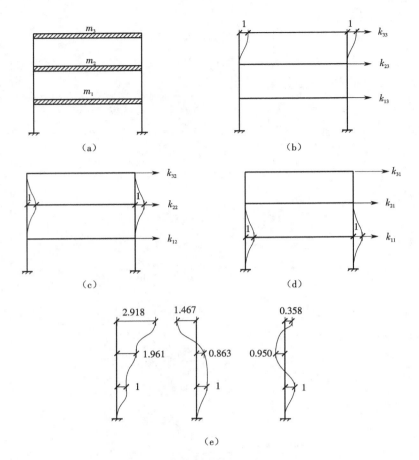

图 10 – 51 例 10 – 19 图

（2）求频率

根据各楼层质量，可得质量矩阵

$$\boldsymbol{M} = \begin{bmatrix} m_{11} & m_{12} & m_{13} \\ m_{21} & m_{22} & m_{23} \\ m_{31} & m_{32} & m_{33} \end{bmatrix} = 180 \times \begin{bmatrix} 1.75 & 0 & 0 \\ 0 & 1.5 & 0 \\ 0 & 0 & 1 \end{bmatrix} (\mathrm{t})$$

引入符号 $\lambda = \dfrac{180}{98}\omega^2 t$ 则

$$\boldsymbol{K} - \omega^2 \boldsymbol{M} = \begin{bmatrix} k_{11} - \omega^2 m_1 & k_{12} & k_{13} \\ k_{21} & k_{22} - \omega^2 m_2 & k_{23} \\ k_{31} & k_{32} & k_{33} - \omega^2 m_3 \end{bmatrix} = 98 \times \begin{bmatrix} 4.5 - 1.75\lambda & -2 & 0 \\ -2 & 3 - 1.5\lambda & -1 \\ 0 & -1 & 1 - \lambda \end{bmatrix} (\mathrm{MN/m})$$

展开行列式，整理得频率方程：

$$\lambda^3 - 5.571\lambda^2 + 7.524\lambda - 1.905 = 0$$

求解上述方程，三个根为

$$\lambda_1 = 0.328 \quad \lambda_2 = 1.588 \quad \lambda_3 = 3.655$$

三个频率分别为

$$\omega_1^2 = \frac{98\ \text{MN/m}}{180\ \text{t}} \times \lambda_1 = \frac{98 \times 10^6}{180 \times 10^3} \times 0.328 = 178.578(1/s^2)$$

$$\omega_1 = 13.36(1/s)$$

$$\omega_2^2 = \frac{98\ \text{MN/m}}{180\ \text{t}} \times \lambda_2 = \frac{98 \times 10^6}{180 \times 10^3} \times 1.588 = 864.578(1/s^2)$$

$$\omega_2 = 29.40(1/s)$$

$$\omega_3^2 = \frac{98\ \text{MN/m}}{180\ \text{t}} \times \lambda_3 = \frac{98 \times 10^6}{180 \times 10^3} \times 3.655 = 1\ 989.944(1/s^2)$$

$$\omega_3 = 44.61(1/s)$$

（3）求振型

将 $\omega = \omega_1$ 代入式（10 – 38），得

$$\begin{cases} (\boldsymbol{K} - \omega_1^2 \boldsymbol{M})\boldsymbol{\Phi}_1 = 0 \\ \boldsymbol{\Phi}_1(1) = 1 \end{cases}$$

展开后求得第一振型

$$\boldsymbol{\Phi}_1 = \begin{Bmatrix} 1 \\ 1.961 \\ 2.918 \end{Bmatrix}$$

同理，求得第二振型和第三振型

$$\boldsymbol{\Phi}_2 = \begin{Bmatrix} 1 \\ 0.863 \\ -1.467 \end{Bmatrix} \quad \boldsymbol{\Phi}_3 = \begin{Bmatrix} 1 \\ -0.950 \\ 0.358 \end{Bmatrix}$$

三个振型如图 10 – 51（e）所示。

## 10.8　多自由度体系主振型的正交性

多自由度体系的主振型正交性（简称振型正交性）是体系重要的动力特性，可以用此性质检验所求的主振型是否正确，另外在今后研究多自由度体系的强迫振动时，也需要用到此性质。

当 $n$ 个自由度体系按第 $i(i = 1,2,\cdots,n)$ 阶振型作自由振动时，任一时刻 $t$ 位移列阵为

$$\boldsymbol{Y}_i = \boldsymbol{C}_i \sin(\omega_i t + \varphi_i) \quad (i = 1,2,\cdots,n)$$

或

$$\begin{Bmatrix} y_i(1) \\ y_i(2) \\ \vdots \\ y_i(n) \end{Bmatrix} = \begin{Bmatrix} C_i(1) \\ C_i(2) \\ \vdots \\ C_i(n) \end{Bmatrix} \sin(\omega_i t + \varphi_i) \tag{10 – 39}$$

将上式对时间求两次导数，得

$$\begin{Bmatrix} \ddot{y}_i(1) \\ \ddot{y}_i(2) \\ \vdots \\ \ddot{y}_i(n) \end{Bmatrix} = -\omega_i^2 \begin{Bmatrix} C_i(1) \\ C_i(2) \\ \vdots \\ C_i(n) \end{Bmatrix} \sin(\omega_i t + \varphi_i)$$

各质点处的惯性力为

$$\begin{Bmatrix} I_i(1) \\ I_i(2) \\ \vdots \\ I_i(n) \end{Bmatrix} = \omega_i^2 \begin{Bmatrix} m_1 C_i(1) \\ m_2 C_i(2) \\ \vdots \\ m_n C_i(n) \end{Bmatrix} \sin(\omega_i t + \varphi_i) = \begin{Bmatrix} I_i^*(1) \\ I_i^*(2) \\ \vdots \\ I_i^*(n) \end{Bmatrix} \sin(\omega_i t + \varphi_i) \qquad (10-40)$$

由式(10 – 39)及式(10 – 40)可知,当位移达到幅值时,惯性力也达到最大值。图 10 – 52(a)所示是此 $n$ 个自由度体系按第 $i$ 阶振型振动时,各质点的幅值位置及相应时刻的惯性力。

同理,图 10 – 52(b)所示是此 $n$ 个自由度体系按第 $j$ 阶振型振动时,各质点的幅值位置及相应时刻的惯性力。

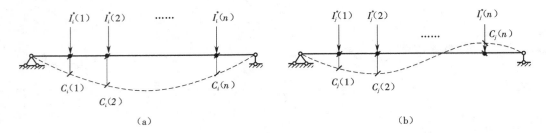

图 10 – 52　振型的正交性

根据虚功原理,将图 10 – 52(a)所示的状态视为第一状态,图 10 – 52(b)所示的状态视为第二状态,则第一状态的惯性力在第二状态的位移上所做的功应等于第二状态的惯性力在第一状态的位移上所做的功。

$$\omega_i^2 \{ m_1 C_i(1) \quad m_2 C_i(2) \quad \cdots \quad m_n C_i(n) \} \begin{Bmatrix} C_j(1) \\ C_j(2) \\ \vdots \\ C_j(n) \end{Bmatrix}$$

$$= \omega_j^2 \{ m_1 C_j(1) \quad m_2 C_j(2) \quad \cdots \quad m_n C_j(n) \} \begin{Bmatrix} C_i(1) \\ C_i(2) \\ \vdots \\ C_i(n) \end{Bmatrix}$$

或

$$\omega_i^2 [ m_1 C_i(1) C_j(1) + m_2 C_i(2) C_j(2) + \cdots + m_n C_i(n) C_j(n) ]$$
$$= \omega_j^2 [ m_1 C_j(1) C_i(1) + m_2 C_j(2) C_i(2) + \cdots + m_n C_j(n) C_i(n) ]$$

将上述方程的右边移至左边,整理得

$$(\omega_i^2 - \omega_j^2)[m_1 C_i(1)C_j(1) + m_2 C_i(2)C_j(2) + \cdots + m_n C_i(n)C_j(n)] = 0 \quad (10-41)$$

因为 $\omega_i \neq \omega_j$,所以

$$m_1 C_i(1)C_j(1) + m_2 C_i(2)C_j(2) + \cdots + m_n C_i(n)C_j(n) = 0 \quad (10-42)$$

上式也可写成矩阵的形式

$$\boldsymbol{C}_i^{\mathrm{T}} \boldsymbol{M} \boldsymbol{C}_j = 0 \quad (10-43)$$

根据式(10-36),当此体系按第 $i$ 阶振型振动时,有

$$(\boldsymbol{K} - \omega_i^2 \boldsymbol{M}) \boldsymbol{C}_i = 0 \quad \text{或} \quad \boldsymbol{K} \boldsymbol{C}_i = \omega_i^2 \boldsymbol{M} \boldsymbol{C}_i \quad (10-44)$$

将上式方程两边同时乘以 $\boldsymbol{C}_j^{\mathrm{T}}$,得

$$\boldsymbol{C}_j^{\mathrm{T}} \boldsymbol{K} \boldsymbol{C}_i = \omega_i^2 \boldsymbol{C}_j^{\mathrm{T}} \boldsymbol{M} \boldsymbol{C}_i = \omega_i^2 \boldsymbol{C}_i^{\mathrm{T}} \boldsymbol{M} \boldsymbol{C}_j = 0 \quad \text{或} \quad \boldsymbol{C}_j^{\mathrm{T}} \boldsymbol{K} \boldsymbol{C}_j = 0 \quad (10-45)$$

式(10-43)及式(10-45)均称为 $n$ 个自由度体系的主振型的正交性,即不同的振型关于质量矩阵及刚度矩阵是正交的。

下面看一下主振型正交性的物理意义。

当 $n$ 个自由度体系按第 $j$ 阶振型作自由振动时,任一时刻 $t$ 位移列阵为

$$\boldsymbol{Y}_j = \boldsymbol{C}_j \sin(\omega_j t + \varphi_j)$$

或

$$\begin{Bmatrix} y_j(1) \\ y_j(2) \\ \vdots \\ y_j(n) \end{Bmatrix} = \begin{Bmatrix} C_j(1) \\ C_j(2) \\ \vdots \\ C_j(n) \end{Bmatrix} \sin(\omega_j t + \varphi_j)$$

在时刻 $t$,各质点的速度为

$$\begin{Bmatrix} \dot{y}_j(1) \\ \dot{y}_j(2) \\ \vdots \\ \dot{y}_j(n) \end{Bmatrix} = \omega_j \begin{Bmatrix} C_j(1) \\ C_j(2) \\ \vdots \\ C_j(n) \end{Bmatrix} \cos(\omega_j t + \varphi_j)$$

在 $\mathrm{d}t$ 时间段内,各质点处的位移为

$$\begin{Bmatrix} \mathrm{d}y_j(1) \\ \mathrm{d}y_j(2) \\ \vdots \\ \mathrm{d}y_j(n) \end{Bmatrix} = \omega_j \begin{Bmatrix} C_j(1) \\ C_j(2) \\ \vdots \\ C_j(n) \end{Bmatrix} \cos(\omega_j t + \varphi_j) \mathrm{d}t$$

当 $n$ 个自由度体系按第 $i$ 阶振型作自由振动时,任一时刻 $t$ 各质点处的惯性力为

$$\begin{Bmatrix} I_i(1) \\ I_i(2) \\ \vdots \\ I_i(n) \end{Bmatrix} = \omega_i^2 \begin{Bmatrix} m_1 C_i(1) \\ m_2 C_i(2) \\ \vdots \\ m_n C_i(n) \end{Bmatrix} \sin(\omega_i t + \varphi_i)$$

则在 $\mathrm{d}t$ 时间段内,振型 $i$ 的惯性力在振型 $j$ 的位移上所做的功为

$$dW = \omega_i^2 \omega_j \{m_1 C_i(1) \quad m_2 C_i(2) \quad \cdots \quad m_n C_i(n)\} \begin{Bmatrix} C_j(1) \\ C_j(2) \\ \vdots \\ C_j(n) \end{Bmatrix} \sin(\omega_i t + \varphi_i)\cos(\omega_j t + \varphi_j)dt = 0$$

上式表明，当体系按某一振型振动时，其相应的惯性力不会在其他振型上做功。换句话说，就是当此体系按某一振型作自由振动时，它会一直按此振型振动下去，不会激起其他振型的振动，各振型是彼此独立的。

主振型的正交性对于规准化的主振型显然也是成立的，即

$$\boldsymbol{\Phi}_i^{\mathrm{T}} \boldsymbol{M} \boldsymbol{\Phi}_j = 0 \tag{10-46}$$

$$\boldsymbol{\Phi}_i^{\mathrm{T}} \boldsymbol{K} \boldsymbol{\Phi}_j = 0 \tag{10-47}$$

主振型的正交性是求解多自由度体系的强迫振动的理论基础，这在后面章节的学习中可以看到。另外，这个性质也可用于检查所求的振型是否正确。

**【例10-20】** 验算例10-18中所得的振型的正交性。

**【解】** 例10-18求得的振型为

$$\boldsymbol{\Phi}_1 = \begin{Bmatrix} 1 \\ 1.62 \end{Bmatrix} \quad \boldsymbol{\Phi}_2 = \begin{Bmatrix} 1 \\ -0.62 \end{Bmatrix}$$

刚度矩阵为

$$\boldsymbol{K} = \begin{bmatrix} 4k & -2k \\ -2k & 2k \end{bmatrix}$$

验算 $\boldsymbol{\Phi}_i^{\mathrm{T}} \boldsymbol{K} \boldsymbol{\Phi}_j = 0$，即

$$\boldsymbol{\Phi}_i^{\mathrm{T}} \boldsymbol{K} \boldsymbol{\Phi}_j = \{1 \quad 1.62\} \begin{bmatrix} 4k & -2k \\ -2k & 2k \end{bmatrix} \begin{Bmatrix} 1 \\ -0.62 \end{Bmatrix} = -0.0088k$$

验算 $\boldsymbol{\Phi}_i^{\mathrm{T}} \boldsymbol{M} \boldsymbol{\Phi}_j = 0$，即

$$\boldsymbol{\Phi}_i^{\mathrm{T}} \boldsymbol{M} \boldsymbol{\Phi}_j = \{1 \quad 1.62\} \begin{bmatrix} m & 0 \\ 0 & m \end{bmatrix} \begin{Bmatrix} 1 \\ -0.62 \end{Bmatrix} = -0.0044m$$

从以上计算可以看出，主振型的正交性是满足的。

## 10.9　多自由度体系在简谐荷载作用下的强迫振动

本节中不考虑阻尼的影响，并假设作用在各自由度上的荷载符合简谐力的形式：

$$P_i(t) = P_i \sin \theta t$$

即作用在各自由度上的简谐荷载具有相同的变化频率，且相位角也相同。

1. 柔度法

如图10-53(a)所示的 $n$ 个自由度体系，在简谐荷载 $P_i(t) = P_i \sin \theta t$ 作用下，各质点的位移分别为 $y_1, y_2, \cdots, y_n$，在任一时刻 $t$，作用在梁上的力有简谐荷载 $P_i(t) = P_i \sin \theta t$ 及惯性力，如图10-53(b)所示。此时，质点 $i$ 处的位移为

$$y_i = \left[ P_1(t) - m_1\ddot{y}_1 \right]\delta_{i1} + \left[ P_2(t) - m_2\ddot{y}_2 \right]\delta_{i2} + \cdots + \left[ P_n(t) - m_n\ddot{y}_n \right]\delta_{in}$$

$$= -m_1\ddot{y}_1\delta_{i1} - m_2\ddot{y}_2\delta_{i2} - \cdots - m_n\ddot{y}_n\delta_{in} + (P_1\delta_{i1} + P_2\delta_{i2} + \cdots + P_n\delta_{in})\sin\theta t$$

$$= -\sum_{j=1}^{n} m_j\ddot{y}_j\delta_{ij} + \Big( \sum_{j=1}^{n} P_j\delta_{ij} \Big)\sin\theta t$$

或

$$y_i + \sum_{j=1}^{n} m_j\ddot{y}_j\delta_{ij} = \Big( \sum_{j=1}^{n} P_j\delta_{ij} \Big)\sin\theta t$$

定义 $\Delta_{iP} = \sum_{j=1}^{n} P_j\delta_{ij}$ 表示在各荷载幅值作用下质点 $i$ 处的位移,如图 10 − 53(c) 所示。则用柔度法建立的运动方程为

$$y_i + \sum_{j=1}^{n} m_j\ddot{y}_j\delta_{ij} = \Delta_{iP}\sin\theta t \quad (i = 1, 2, \cdots, n) \qquad (10-48)$$

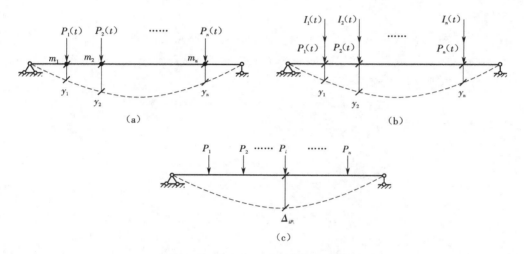

**图 10 − 53　多自由度体系受简谐荷载作用**

上述微分方程组的通解包括齐次解和特解两部分。而实际上结构在振动时存在着阻尼,由单自由度体系在简谐荷载作用下的解可以看出,齐次解部分会逐渐衰减,最后只剩下特解,所以在此只研究达到稳态振动后的解,即纯强迫振动的解。

设特解为

$$y_i = C_i\sin\theta t \quad (i = 1, 2, \cdots, n)$$

$$\ddot{y}_i = -\theta^2 C_i\sin\theta t \quad (i = 1, 2, \cdots, n)$$

代入式(10 − 48),得

$$C_i - \theta^2\sum_{j=1}^{n} m_j C_j\delta_{ij} = \Delta_{iP} \quad (i = 1, 2, \cdots, n)$$

或

$$(\theta^2 m_1 \delta_{11} - 1)C_1 + \theta^2 m_2 \delta_{12} C_2 + \cdots + \theta^2 m_n \delta_{1n} C_n + \Delta_{1P} = 0$$
$$\theta^2 m_1 \delta_{21} C_1 + (\theta^2 m_2 \delta_{22} - 1)C_2 + \cdots + \theta^2 m_n \delta_{2n} C_n + \Delta_{2P} = 0$$
$$\vdots$$
$$\theta^2 m_1 \delta_{n1} C_1 + \theta^2 m_2 \delta_{n2} C_2 + \cdots + (\theta^2 m_n \delta_{nn} - 1)C_n + \Delta_{nP} = 0$$

$$(10-49)$$

由上述方程组可求出各质点的振幅 $C_i(i=1,2,\cdots,n)$。设此体系的自振频率为 $\omega_i(i=1,2,\cdots,n)$，当 $\theta = \omega_i(i=1,2,\cdots,n)$时,式(10-49)的系数行列式为零。此时振幅 $C_i(i=1,2,\cdots,n)$为无穷大,即出现共振现象。

求出各质点的振幅 $C_i(i=1,2,\cdots,n)$后,可求出各质点处的惯性力:

$$I_i = -m_i \ddot{y}_i = m_i \theta^2 C_i \sin\theta t = I_i^* \sin\theta t \quad (i=1,2,\cdots,n) \tag{10-50}$$

上式表明,当各质点位移达到幅值时,惯性力也达到最大值:

$$I_i^* = m_i \theta^2 C_i \quad (i=1,2,\cdots,n) \tag{10-51}$$

**2. 刚度法**

在任一时刻 $t$,各质点的位移为 $y_1, y_2, \cdots, y_n$,作用在梁上的各质点处的力有惯性力 $-m_1 \ddot{y}_1, -m_2 \ddot{y}_2, \cdots, -m_n \ddot{y}_n$ 及简谐荷载 $P_i(t) = P_i \sin\theta t (i=1,2,\cdots,n)$,如图 10-53(b)所示。用刚度法建立平衡方程:

$$\begin{cases} P_1 \sin\theta t - m_1 \ddot{y}_1 = k_{11} y_1 + k_{12} y_2 + \cdots + k_{1n} y_n \\ P_2 \sin\theta t - m_2 \ddot{y}_2 = k_{21} y_1 + k_{22} y_2 + \cdots + k_{2n} y_n \\ \vdots \\ P_n \sin\theta t - m_n \ddot{y}_n = k_{n1} y_1 + k_{n2} y_2 + \cdots + k_{nn} y_n \end{cases}$$

或

$$m_1 \ddot{y}_1 + k_{11} y_1 + k_{12} y_2 + \cdots + k_{1n} y_n = P_1 \sin\theta t$$
$$m_2 \ddot{y}_2 + k_{21} y_1 + k_{22} y_2 + \cdots + k_{2n} y_n = P_2 \sin\theta t$$
$$\vdots$$
$$m_n \ddot{y}_n + k_{n1} y_1 + k_{n2} y_2 + \cdots + k_{nn} y_n = P_n \sin\theta t$$

$$(10-52)$$

上式就是用刚度法建立的平衡方程。将其换成矩阵的形式为

$$M\ddot{Y} + KY = P\sin\theta t \tag{10-53}$$

式中,$P$ 为荷载幅值列阵,且有

$$P = \begin{Bmatrix} P_1 \\ P_2 \\ \vdots \\ P_n \end{Bmatrix}$$

设方程式(10-53)的特解为

$$Y = C\sin\theta t \tag{10-54}$$

式中,$C$ 为振幅列阵,且有

$$C = \begin{Bmatrix} C_1 \\ C_2 \\ \vdots \\ C_n \end{Bmatrix}$$

将式(10-54)代入式(10-53),并去掉 $\sin \theta t$ 项,整理后得

$$(K - \theta^2 M)C = P$$

或

$$C = (K - \theta^2 M)^{-1}P \tag{10-55}$$

式中,$(K - \theta^2 M)^{-1}$ 是 $(K - \theta^2 M)$ 的逆矩阵。

【例 10-21】　如图 10-54(a)所示,已知各杆 $EI$ 为常数,各杆长为 $l$,$\theta = \sqrt{\dfrac{EI}{ml^3}}$,此体系受动力荷载作用,求图示体系的振幅。

【解】　此体系的自由度是 2,设质点 $m$ 处竖直向为第 1 自由度,水平向为第 2 自由度。作 $\overline{M_1}$、$\overline{M_2}$、$M_P$ 图,如图 10-54(b)、(c)和(d)所示,由图乘法求得

$$\delta_{11} = \frac{1}{EI}\left(\frac{1}{2} \times l \times l \times \frac{2}{3}l + l \times l \times l\right) = \frac{4l^3}{3EI}$$

$$\delta_{22} = \frac{1}{EI}\left(\frac{1}{2} \times l \times l \times \frac{2}{3}l\right) = \frac{l^3}{3EI}$$

$$\delta_{12} = \frac{1}{EI}\left(\frac{1}{2} \times l \times l \times l\right) = \frac{l^3}{2EI}$$

$$\Delta_{1P} = \frac{1}{EI}\left(\frac{1}{3} \times \frac{ql^2}{2} \times l \times \frac{3}{4}l + \frac{ql^2}{2} \times l \times l\right) = \frac{5ql^4}{8EI}$$

$$\Delta_{2P} = \frac{1}{EI}\left(\frac{ql^2}{2} \times l \times \frac{l}{2}\right) = \frac{ql^4}{4EI}$$

用柔度法列运动方程为

$$\begin{cases} y_1 = (-m_1\ddot{y}_1)\delta_{11} + (-m_2\ddot{y}_2)\delta_{12} + \Delta_{1P}\sin \theta t \\ y_2 = (-m_1\ddot{y}_1)\delta_{21} + (-m_2\ddot{y}_2)\delta_{22} + \Delta_{2P}\sin \theta t \end{cases}$$

令 $y_1 = C_1\sin \theta t$,$y_2 = C_2\sin \theta t$,代入运动方程,得

$$\begin{cases} (1 - m_1\theta^2\delta_{11})C_1 + (-m_2\theta^2\delta_{12})C_2 = \Delta_{1P} \\ (-m_1\theta^2\delta_{21})C_1 + (1 - m_2\theta^2\delta_{12})C_2 = \Delta_{2P} \end{cases}$$

将 $\theta = \sqrt{\dfrac{EI}{ml^3}}$ 代入,求解方程,得

$$\begin{cases} C_1 = -\dfrac{39ql^4}{34EI} \\[2mm] C_2 = -\dfrac{33ql^4}{68EI} \end{cases}$$

【例 10-22】　例 10-19 中三层刚架,设在第二层作用有一水平干扰力 $P(t) = 100\sin \theta t (\mathrm{kN})$,$\theta = 20.94 (1/\mathrm{s})$,如图 10-55(a)所示,求各楼层的振幅和各层柱子的总剪力幅值。

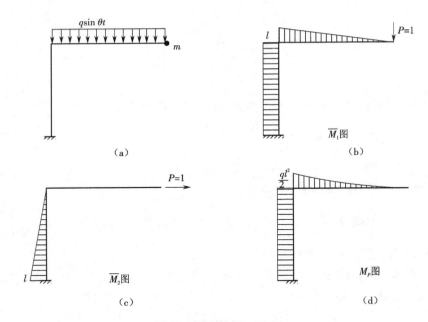

图 10 - 54   例 10 - 21 图

【解】   (1)各层振幅

由例 10 - 19 求得体系的刚度矩阵 $\boldsymbol{K}$ 及质量矩阵 $\boldsymbol{M}$:

$$\boldsymbol{K} = 98 \times \begin{bmatrix} 4.5 & -2 & 0 \\ -2 & 3 & -1 \\ 0 & -1 & 1 \end{bmatrix} (\text{MN/m})$$

$$\boldsymbol{M} = 180 \times \begin{bmatrix} 1.75 & 0 & 0 \\ 0 & 1.5 & 0 \\ 0 & 0 & 1 \end{bmatrix} (\text{t})$$

$$\theta^2 \boldsymbol{M} = 438.48 \times 180 \times \begin{bmatrix} 1.75 & 0 & 0 \\ 0 & 1.5 & 0 \\ 0 & 0 & 1 \end{bmatrix} (1/\text{s}^2 \cdot \text{t}) = 0.805 \times 98 \times \begin{bmatrix} 1.75 & 0 & 0 \\ 0 & 1.5 & 0 \\ 0 & 0 & 1 \end{bmatrix} (\text{MN/m})$$

$$\boldsymbol{K} - \theta^2 \boldsymbol{M} = 98 \times \begin{bmatrix} 3.091 & -2 & 0 \\ -2 & 1.792 & -1 \\ 0 & -1 & 0.195 \end{bmatrix} (\text{MN/m})$$

对矩阵求逆得

$$(\boldsymbol{K} - \theta^2 \boldsymbol{M})^{-1} = \frac{1}{98} \times \begin{bmatrix} 0.233 & -0.140 & -0.717 \\ -0.140 & -0.216 & -1.107 \\ -0.717 & -1.107 & -0.551 \end{bmatrix} (\text{m/MN})$$

荷载幅值列阵为

$$\boldsymbol{P} = \begin{Bmatrix} 0 \\ 100 \\ 0 \end{Bmatrix} (\text{kN}) = \begin{Bmatrix} 0 \\ 0.1 \\ 0 \end{Bmatrix} (\text{MN})$$

根据式(10 - 55),求得振幅为

$$C = (K - \theta^2 M)^{-1} P = \frac{1}{98} \times \begin{bmatrix} 0.233 & -0.140 & -0.717 \\ -0.140 & -0.216 & -1.107 \\ -0.717 & -1.107 & -0.551 \end{bmatrix} \times \begin{Bmatrix} 0 \\ 0.1 \\ 0 \end{Bmatrix} (m)$$

$$= \begin{Bmatrix} -0.143 \\ -0.220 \\ -1.130 \end{Bmatrix} (mm)$$

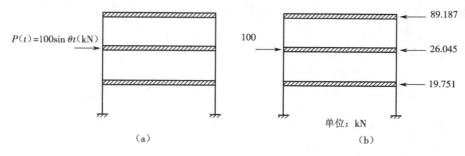

**图 10 - 55　例 10 - 22 图**

（2）各层柱子的剪力

先求各层的惯性力幅值：

$$I_1^* = m_1 \theta^2 C_1 = 315 \times 438.48 \times (-0.143) \times 10^{-3} = -19.751 (kN)$$

$$I_2^* = m_2 \theta^2 C_2 = 270 \times 438.48 \times (-0.220) \times 10^{-3} = -26.045 (kN)$$

$$I_3^* = m_3 \theta^2 C_3 = 180 \times 438.48 \times (-1.130) \times 10^{-3} = -89.187 (kN)$$

图 10 - 55(b)所示是位移达到幅值时刻的惯性力及荷载,依次取各层为隔离体,由平衡条件可求出各层总剪力的幅值：

$$Q_3^* = -89.187 (kN)$$

$$Q_2^* = 100 - 89.187 - 26.045 = -15.232 (kN)$$

$$Q_1^* = 100 - 89.187 - 26.045 - 19.751 = -34.983 (kN)$$

也可以直接用各层的侧移刚度求柱子剪力的幅值：

$$Q_3^* = k_3 \cdot (C_3 - C_2) = 98 \times (-1.130 + 0.220) = -89.187 (kN)$$

$$Q_2^* = k_2 \cdot (C_2 - C_1) = 196 \times (-0.220 + 0.143) = -15.232 (kN)$$

$$Q_1^* = k_1 \cdot C_1 = 245 \times (-0.143) = -34.983 (kN)$$

## 10.10　多自由度体系在任意荷载作用下的强迫振动

上节讨论的是多自由度体系在简谐荷载作用下的强迫振动,即假设作用在各自由度上的荷载符合简谐力的形式。而在工程实际中,大多数荷载是随时间任意变化的,在这样的荷载作用下,各质点位移、惯性力等不再随时间有简谐性变化。

对于 $n$ 个自由度体系,由刚度法建立的运动方程为

$$\left.\begin{array}{l} m_1\ddot{y}_1 + k_{11}y_1 + k_{12}y_2 + \cdots + k_{1n}y_n = P_1(t) \\ m_2\ddot{y}_2 + k_{21}y_1 + k_{22}y_2 + \cdots + k_{2n}y_n = P_2(t) \\ \qquad\qquad\qquad\vdots \\ m_n\ddot{y}_n + k_{n1}y_1 + k_{n2}y_2 + \cdots + k_{nn}y_n = P_n(t) \end{array}\right\} \qquad (10-56)$$

式中:$P_1(t)$,$P_2(t)$,$\cdots$,$P_n(t)$分别是作用在各质点处的动荷载。

方程组(10-56)中每个方程均含有变量 $y_1$,$y_2$,$\cdots$,$y_n$,因此这 $n$ 个方程是耦合在一起的。这使得方程组的求解变得非常困难。为了更好地求解方程组(10-56),首先就要将方程组解耦。将原方程组中的变量进行替换,使得变换后的方程组中每个方程均含有一个变量,以达到方程组解耦的目的。

设此体系的振型矩阵为 $\boldsymbol{\Phi}$,则定义:

$$\boldsymbol{Y} = \boldsymbol{\Phi}\boldsymbol{V} \qquad (10-57)$$

式中:$\boldsymbol{V} = \left\{\begin{array}{c} v_1 \\ v_2 \\ \vdots \\ v_n \end{array}\right\}$为广义坐标。

通过式(10-57),就将原变量 $\boldsymbol{Y}$ 变成了新的变量 $\boldsymbol{V}$。下面以两个自由度体系为例,说明这种变量替换的物理意义。

对于两个自由度体系,原变量与新变量的关系为

$$\left\{\begin{array}{c} y_1 \\ y_2 \end{array}\right\} = \left[\begin{array}{cc} \boldsymbol{\Phi}_1(1) & \boldsymbol{\Phi}_2(1) \\ \boldsymbol{\Phi}_1(2) & \boldsymbol{\Phi}_2(2) \end{array}\right]\left\{\begin{array}{c} v_1 \\ v_2 \end{array}\right\}$$

或

$$\left.\begin{array}{l} y_1 = \boldsymbol{\Phi}_1(1)v_1 + \boldsymbol{\Phi}_2(1)v_2 \\ y_2 = \boldsymbol{\Phi}_1(2)v_1 + \boldsymbol{\Phi}_2(2)v_2 \end{array}\right\} \qquad (10-58)$$

如图 10-56(a)所示,两个质点处受到动荷载 $P_1(t)$,$P_2(t)$作用,在任一时刻 $t$,两质点处的位移为 $y_1$,$y_2$。图 10-56(b)和(c)分别为此体系的两个振型图。从式(10-58)可以看出,对于任一时刻 $t$,质点的位移可看做是两个振型的线性叠加,$v_1$,$v_2$ 是振型的组合系数。或者说,任一时刻 $t$,质点的位移可按振型进行分解。

当体系按某一振型振动时,不会激起其他振型的振动,即每个振型是可以独立出现的。可以说这 $n$ 个振型是线性无关的,即转换矩阵是一非奇异的矩阵。这就保证了当有一组原位移向量 $\boldsymbol{Y}$,就存在唯一一组广义坐标 $\boldsymbol{V}$ 与之对应。当将原位移向量按振型进行分解时,$\boldsymbol{V}$ 就是每个振型前的组合系数。

下面推导新的方程组。

首先将方程组式(10-56)写成矩阵的形式:

$$\boldsymbol{M}\ddot{\boldsymbol{Y}} + \boldsymbol{K}\boldsymbol{Y} = \boldsymbol{P} \qquad (10-59)$$

将式(10-57)两边均对时间 $t$ 求两次导,得

$$\ddot{\boldsymbol{Y}} = \boldsymbol{\Phi}\ddot{\boldsymbol{V}} \qquad (10-60)$$

将式(10-57)和式(10-60)代入式(10-59),将原方程组中的变量 $\boldsymbol{Y}$ 变成新的变量

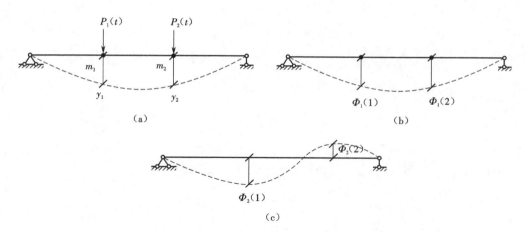

图 10-56　按振型进行分解

$V$:

$$M\Phi\ddot{V} + K\Phi V = P$$

将方程两边同乘以第 $j$ 阶振型的转置 $\Phi_j^{\mathrm{T}}$，得

$$\Phi_j^{\mathrm{T}}M\Phi\ddot{V} + \Phi_j^{\mathrm{T}}K\Phi V = \Phi_j^{\mathrm{T}}P \quad (j=1,2,\cdots,n) \tag{10-61}$$

现在推导上式的第一项：

$$\Phi_j^{\mathrm{T}}M\Phi\ddot{V} = \Phi_j^{\mathrm{T}}M\begin{bmatrix} \Phi_1 & \Phi_2 & \cdots & \Phi_j & \cdots & \Phi_n \end{bmatrix}\begin{Bmatrix} \ddot{v}_1 \\ \ddot{v}_2 \\ \vdots \\ \ddot{v}_j \\ \vdots \\ \ddot{v}_n \end{Bmatrix}$$

$$= \begin{bmatrix} \Phi_j^{\mathrm{T}}M\Phi_1 & \Phi_j^{\mathrm{T}}M\Phi_2 & \cdots & \Phi_j^{\mathrm{T}}M\Phi_j & \cdots & \Phi_j^{\mathrm{T}}M\Phi_n \end{bmatrix}\begin{Bmatrix} \ddot{v}_1 \\ \ddot{v}_2 \\ \vdots \\ \ddot{v}_j \\ \vdots \\ \ddot{v}_n \end{Bmatrix}$$

根据振型的正交性，可知 $\Phi_j^{\mathrm{T}}M\Phi_i = 0 (i \neq j)$，所以有

$$\Phi_j^{\mathrm{T}}M\Phi\ddot{V} = \begin{bmatrix} \Phi_j^{\mathrm{T}}M\Phi_1 & \Phi_j^{\mathrm{T}}M\Phi_2 & \cdots & \Phi_j^{\mathrm{T}}M\Phi_j & \cdots & \Phi_j^{\mathrm{T}}M\Phi_n \end{bmatrix}\begin{Bmatrix} \ddot{v}_1 \\ \ddot{v}_2 \\ \vdots \\ \ddot{v}_j \\ \vdots \\ \ddot{v}_n \end{Bmatrix}$$

$$= \begin{bmatrix} 0 & 0 & \cdots & \boldsymbol{\Phi}_j^{\mathrm{T}} \boldsymbol{M} \boldsymbol{\Phi}_j & \cdots & 0 \end{bmatrix} \begin{Bmatrix} \ddot{v}_1 \\ \ddot{v}_2 \\ \vdots \\ \ddot{v}_j \\ \vdots \\ \ddot{v}_n \end{Bmatrix}$$

$$= \boldsymbol{\Phi}_j^{\mathrm{T}} \boldsymbol{M} \boldsymbol{\Phi}_j \ddot{v}_j$$

同样,根据 $\boldsymbol{\Phi}_j^{\mathrm{T}} \boldsymbol{K} \boldsymbol{\Phi}_i = 0 (i \neq j)$,可处理式(10-61)第二项:

$$\boldsymbol{\Phi}_j^{\mathrm{T}} \boldsymbol{K} \boldsymbol{\Phi} \boldsymbol{V} = \begin{bmatrix} \boldsymbol{\Phi}_j^{\mathrm{T}} \boldsymbol{K} \boldsymbol{\Phi}_1 & \boldsymbol{\Phi}_j^{\mathrm{T}} \boldsymbol{K} \boldsymbol{\Phi}_2 & \cdots & \boldsymbol{\Phi}_j^{\mathrm{T}} \boldsymbol{K} \boldsymbol{\Phi}_j & \cdots & \boldsymbol{\Phi}_j^{\mathrm{T}} \boldsymbol{K} \boldsymbol{\Phi}_n \end{bmatrix} \begin{Bmatrix} v_1 \\ v_2 \\ \vdots \\ v_j \\ \vdots \\ v_n \end{Bmatrix}$$

$$= \begin{bmatrix} 0 & 0 & \cdots & \boldsymbol{\Phi}_j^{\mathrm{T}} \boldsymbol{K} \boldsymbol{\Phi}_j & \cdots & 0 \end{bmatrix} \begin{Bmatrix} v_1 \\ v_2 \\ \vdots \\ v_j \\ \vdots \\ v_n \end{Bmatrix}$$

$$= \boldsymbol{\Phi}_j^{\mathrm{T}} \boldsymbol{K} \boldsymbol{\Phi}_j v_j$$

因此,式(10-61)可写成

$$\boldsymbol{\Phi}_j^{\mathrm{T}} \boldsymbol{M} \boldsymbol{\Phi}_j \ddot{v}_j + \boldsymbol{\Phi}_j^{\mathrm{T}} \boldsymbol{K} \boldsymbol{\Phi}_j v_j = \boldsymbol{\Phi}_j^{\mathrm{T}} \boldsymbol{P} \quad (j = 1, 2, \cdots, n) \tag{10-62}$$

定义:

$$\boldsymbol{\Phi}_j^{\mathrm{T}} \boldsymbol{M} \boldsymbol{\Phi}_j = M_j \quad \boldsymbol{\Phi}_j^{\mathrm{T}} \boldsymbol{K} \boldsymbol{\Phi}_j = K_j \quad \boldsymbol{\Phi}_j^{\mathrm{T}} \boldsymbol{P} = P_{nj}$$

$M_j, K_j, P_{nj}$ 分别称为第 $j$ 个广义质量、广义刚度和广义荷载。则式(10-62)为

$$M_j \ddot{v}_j + K_j v_j = P_{nj} \quad (j = 1, 2, \cdots, n) \tag{10-63}$$

现讨论 $K_j$ 与 $M_j$ 的关系。

根据第 $j$ 个自振频率与第 $j$ 个振型间的关系,得

$$(\boldsymbol{K} - \omega_j^2 \boldsymbol{M}) \boldsymbol{\Phi}_j = 0 \quad \text{或} \quad \boldsymbol{K} \boldsymbol{\Phi}_j = \omega_j^2 \boldsymbol{M} \boldsymbol{\Phi}_j$$

方程两边同乘以第 $j$ 个振型的转置,得

$$\boldsymbol{\Phi}_j^{\mathrm{T}} \boldsymbol{K} \boldsymbol{\Phi}_j = \omega_j^2 \boldsymbol{\Phi}_j^{\mathrm{T}} \boldsymbol{M} \boldsymbol{\Phi}_j$$

即

$$K_j = \omega_j^2 M_j$$

将上式代入式(10-63),并将方程两边同时除以 $M_j$,得

$$\ddot{v}_j + \omega_j^2 v_j = \frac{P_{nj}}{M_j} \quad (j = 1, 2, \cdots, n) \tag{10-64}$$

式(10-64)所示的方程组中每个方程都只有一个变量 $v_j$，每个方程都可看成是单自由度体系在任意荷载作用下的强迫振动。因此，达到了方程组解耦的目的。方程式(10-64)的通解为

$$v_j = C_j \cos \omega_j t + D_j \sin \omega_j t + \frac{1}{M_j \omega_j} \int_0^t P_{nj}(\tau) \sin \omega_j(t-\tau) \mathrm{d}\tau \qquad (10-65)$$

式中：$C_j, D_j$ 由初始条件决定。

设 $t=0$，$v_j = v_{j0}$，$\dot{v}_j = \dot{v}_{j0}$，所以

$$C_j = v_{j0} \qquad D_j = \frac{\dot{v}_{j0}}{\omega_j}$$

现推导 $v_{j0}$，$\dot{v}_{j0}$ 与 $y_{j0}$，$\dot{y}_{j0}$ 的关系。

根据位移向量与广义坐标的关系 $\boldsymbol{Y} = \boldsymbol{\Phi V}$，得

$$\boldsymbol{\Phi}_j^{\mathrm{T}} \boldsymbol{MY} = \boldsymbol{\Phi}_j^{\mathrm{T}} \boldsymbol{M\Phi V} = \boldsymbol{\Phi}_j^{\mathrm{T}} \boldsymbol{M\Phi}_j v_j = M_j v_j$$

取 $t=0$ 时刻，得

$$v_{j0} = \frac{\boldsymbol{\Phi}_j^{\mathrm{T}} \boldsymbol{M Y_0}}{M_j} \qquad \dot{v}_{j0} = \frac{\boldsymbol{\Phi}_j^{\mathrm{T}} \boldsymbol{M \dot{Y}_0}}{M_j}$$

式中：$\boldsymbol{Y}_0$，$\dot{\boldsymbol{Y}}_0$ 分别是初位移和初速度。

因为 $\boldsymbol{V}$ 是振型的组合系数，所以以上求解多自由度体系在任意荷载作用下的强迫振动的方法称为振型叠加法或振型分解法。现总结一下振型叠加法的解题步骤。

(1)计算体系的自振频率和振型。由刚度法或柔度法计算刚度矩阵或柔度矩阵，再计算自振频率及振型。

(2)建立广义坐标。根据关系式 $\boldsymbol{Y} = \boldsymbol{\Phi V}$，建立新的变量 - 广义坐标。

(3)求广义质量和广义荷载：

$$M_j = \boldsymbol{\Phi}_j^{\mathrm{T}} \boldsymbol{M\Phi}_j \qquad P_{nj} = \boldsymbol{\Phi}_j^{\mathrm{T}} \boldsymbol{P} \quad (j=1,2,\cdots,n)$$

(4)形成解耦的方程组：

$$\ddot{v}_j + \omega_j^2 v_j = \frac{P_{nj}}{M_j} \quad (j=1,2,\cdots,n)$$

(5)求广义坐标 $\boldsymbol{V}$。采用单自由度体系在任意荷载作用下的强迫振动的方法，求解解耦后的方程组，得广义坐标 $\boldsymbol{V}$。

(6)求原变量 $\boldsymbol{Y}$。由 $\boldsymbol{Y} = \boldsymbol{\Phi V}$，求得 $\boldsymbol{Y}$。

(7)求惯性力及动内力。求出动位移后，就可以求出速度及加速度，继而求出惯性力及动内力。

【例 10-23】　例 10-19 中三层刚架，设在第二楼层处突加一水平力 $P(t) = P_0 = 100$ kN，如图 10-57(a)所示，求各楼层的位移及各层柱子的总剪力。

【解】　(1)求频率及振型

由例 10-19，得质量矩阵为

$$\boldsymbol{M} = \begin{bmatrix} m_{11} & m_{12} & m_{13} \\ m_{21} & m_{22} & m_{23} \\ m_{31} & m_{32} & m_{33} \end{bmatrix} = 180 \times \begin{bmatrix} 1.75 & 0 & 0 \\ 0 & 1.5 & 0 \\ 0 & 0 & 1 \end{bmatrix} (\mathrm{t})$$

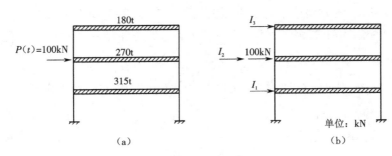

图 10 – 57　例 10 – 23 图

三个频率及相应的振型为

$$\omega_1 = 13.36(1/\text{s}) \quad \boldsymbol{\Phi}_1 = \left\{ \begin{array}{c} 1 \\ 1.961 \\ 2.918 \end{array} \right\}$$

$$\omega_2 = 29.40(1/\text{s}) \quad \boldsymbol{\Phi}_2 = \left\{ \begin{array}{c} 1 \\ 0.863 \\ -1.467 \end{array} \right\}$$

$$\omega_3 = 44.61(1/\text{s}) \quad \boldsymbol{\Phi}_3 = \left\{ \begin{array}{c} 1 \\ -0.950 \\ 0.358 \end{array} \right\}$$

(2)求广义质量及广义荷载

$$M_1 = \boldsymbol{\Phi}_1^{\text{T}} \boldsymbol{M} \boldsymbol{\Phi}_1 = 180 \times \begin{bmatrix} 1 & 1.961 & 2.918 \end{bmatrix} \begin{bmatrix} 1.75 & 0 & 0 \\ 0 & 1.5 & 0 \\ 0 & 0 & 1 \end{bmatrix} \left\{ \begin{array}{c} 1 \\ 1.961 \\ 2.918 \end{array} \right\}$$

$$= 180 \times \begin{bmatrix} 1.75 & 2.942 & 2.918 \end{bmatrix} \left\{ \begin{array}{c} 1 \\ 1.961 \\ 2.918 \end{array} \right\}$$

$$= 2\,886.12(\text{t})$$

$$M_2 = \boldsymbol{\Phi}_2^{\text{T}} \boldsymbol{M} \boldsymbol{\Phi}_2 = 180 \times \begin{bmatrix} 1 & 0.863 & -1.467 \end{bmatrix} \begin{bmatrix} 1.75 & 0 & 0 \\ 0 & 1.5 & 0 \\ 0 & 0 & 1 \end{bmatrix} \left\{ \begin{array}{c} 1 \\ 0.863 \\ -1.467 \end{array} \right\}$$

$$= 180 \times \begin{bmatrix} 1.75 & 1.295 & -1.467 \end{bmatrix} \left\{ \begin{array}{c} 1 \\ 0.863 \\ -1.467 \end{array} \right\}$$

$$= 903.6(\text{t})$$

$$M_3 = \boldsymbol{\Phi}_3^{\text{T}} \boldsymbol{M} \boldsymbol{\Phi}_3 = 180 \times \begin{bmatrix} 1 & -0.95 & 0.358 \end{bmatrix} \begin{bmatrix} 1.75 & 0 & 0 \\ 0 & 1.5 & 0 \\ 0 & 0 & 1 \end{bmatrix} \left\{ \begin{array}{c} 1 \\ -0.95 \\ 0.358 \end{array} \right\}$$

$$= 180 \times \begin{bmatrix} 1.75 & -1.425 & 0.358 \end{bmatrix} \begin{Bmatrix} 1 \\ -0.95 \\ 0.358 \end{Bmatrix}$$

$$= 581.76(\mathrm{t})$$

$$P_{31} = \boldsymbol{\Phi}_1{}^{\mathrm{T}} \boldsymbol{P} = \begin{bmatrix} 1 & 1.961 & 2.918 \end{bmatrix} \begin{Bmatrix} 0 \\ 100 \\ 0 \end{Bmatrix} = 196.1(\mathrm{kN})$$

$$P_{32} = \boldsymbol{\Phi}_2{}^{\mathrm{T}} \boldsymbol{P} = \begin{bmatrix} 1 & 0.863 & -1.467 \end{bmatrix} \begin{Bmatrix} 0 \\ 100 \\ 0 \end{Bmatrix} = 86.3(\mathrm{kN})$$

$$P_{33} = \boldsymbol{\Phi}_3{}^{\mathrm{T}} \boldsymbol{P} = \begin{bmatrix} 1 & -0.95 & 0.358 \end{bmatrix} \begin{Bmatrix} 0 \\ 100 \\ 0 \end{Bmatrix} = -95(\mathrm{kN})$$

（3）建立解耦后的方程组

$$\begin{cases} \ddot{v}_1 + \omega_1{}^2 v_1 = \dfrac{P_{31}}{M_1} \\[2mm] \ddot{v}_2 + \omega_2{}^2 v_2 = \dfrac{P_{32}}{M_2} \\[2mm] \ddot{v}_3 + \omega_3{}^2 v_3 = \dfrac{P_{33}}{M_3} \end{cases}$$

（4）求解方程组

$$v_1 = \frac{1}{M_1 \omega_1} \int_0^t P_{31}(\tau) \sin \omega_1(t - \tau) \mathrm{d}\tau$$

$$= \frac{196.1}{2\,886.12 \times 13.36^2}(1 - \cos \omega_1 t) = 3.807 \times 10^{-4}(1 - \cos \omega_1 t)(\mathrm{m})$$

$$v_2 = \frac{1}{M_2 \omega_2} \int_0^t P_{32}(\tau) \sin \omega_1(t - \tau) \mathrm{d}\tau$$

$$= \frac{86.3}{903.6 \times 29.4^2}(1 - \cos \omega_1 t) = 1.105 \times 10^{-4}(1 - \cos \omega_2 t)(\mathrm{m})$$

$$v_3 = \frac{1}{M_3 \omega_3} \int_0^t P_{33}(\tau) \sin \omega_1(t - \tau) \mathrm{d}\tau$$

$$= -\frac{95}{581.76 \times 44.61^2}(1 - \cos \omega_1 t) = -8.206 \times 10^{-5}(1 - \cos \omega_3 t)(\mathrm{m})$$

$v_1, v_2, v_3$ 分别代表三个振型的组合系数，从计算结果来看，$v_1 > v_2 > v_3$，说明第一振型对质点位移的影响大于第二和第三振型。

（5）求 $y_1, y_2, y_3$

振型矩阵为

$$\boldsymbol{\Phi} = \begin{bmatrix} 1 & 1 & 1 \\ 1.961 & 0.863 & -0.95 \\ 2.918 & -1.467 & 0.358 \end{bmatrix}$$

$$\begin{Bmatrix} y_1 \\ y_2 \\ y_3 \end{Bmatrix} = \begin{bmatrix} 1 & 1 & 1 \\ 1.961 & 0.863 & -0.95 \\ 2.918 & -1.467 & 0.358 \end{bmatrix} \begin{Bmatrix} v_1 \\ v_2 \\ v_3 \end{Bmatrix} = \begin{Bmatrix} v_1 + v_2 + v_3 \\ 1.961v_1 + 0.863v_2 - 0.95v_3 \\ 2.918v_1 - 1.467v_2 + 0.358v_3 \end{Bmatrix}$$

$$y_1 = 3.807 \times 10^{-4}(1 - \cos \omega_1 t) + 1.105 \times 10^{-4}(1 - \cos \omega_2 t) - 8.206 \times 10^{-5}(1 - \cos \omega_3 t)$$

$$y_2 = 7.466 \times 10^{-4}(1 - \cos \omega_1 t) + 0.954 \times 10^{-4}(1 - \cos \omega_2 t) + 7.796 \times 10^{-5}(1 - \cos \omega_3 t)$$

$$y_3 = 1.111 \times 10^{-3}(1 - \cos \omega_1 t) - 1.621 \times 10^{-4}(1 - \cos \omega_2 t) - 2.938 \times 10^{-5}(1 - \cos \omega_3 t)$$

(6)求各层柱子的总剪力

$$\begin{aligned} I_1(t) &= -m_1 \ddot{y}_1 \\ &= -315 \times (3.807 \times 10^{-4} \times \omega_1^2 \times \cos \omega_1 t + 1.105 \times 10^{-4} \times \omega_2^2 \times \cos \omega_2 t + \\ &\quad 8.206 \times 10^{-5} \times \omega_3^2 \times \cos \omega_3 t) \\ &= -21.42\cos \omega_1 t - 30.083\cos \omega_2 t - 51.345\cos \omega_3 t(\text{kN}) \end{aligned}$$

$$\begin{aligned} I_2(t) &= -m_2 \ddot{y}_2 \\ &= -270 \times (7.466 \times 10^{-4} \times \omega_1^2 \times \cos \omega_1 t + 0.954 \times 10^{-4} \times \omega_2^2 \times \cos \omega_2 t - \\ &\quad 7.796 \times 10^{-5} \times \omega_3^2 \times \cos \omega_3 t) \\ &= -35.91\cos \omega_1 t - 22.275\cos \omega_2 t + 41.855\cos \omega_3 t(\text{kN}) \end{aligned}$$

$$\begin{aligned} I_3 &= -m_3 \ddot{y}_3 \\ &= -180 \times (1.111 \times 10^{-3} \times \omega_1^2 \times \cos \omega_1 t - 1.621 \times 10^{-4} \times \omega_2^2 \times \cos \omega_2 t + \\ &\quad 2.938 \times 10^{-5} \times \omega_3^2 \times \cos \omega_3 t) \\ &= -35.64\cos \omega_1 t + 25.2\cos \omega_2 t - 10.53\cos \omega_3 t(\text{kN}) \end{aligned}$$

如图 10-57(b)所示,根据静力平衡条件,得

$$Q_3 = I_3 = -35.64\cos \omega_1 t + 25.2\cos \omega_2 t + 10.53\cos \omega_3 t(\text{kN})$$

$$Q_2 = I_3 + I_2 + 100 = 100 - 71.55\cos \omega_1 t + 2.925\cos \omega_2 t - 31.325\cos \omega_3 t(\text{kN})$$

$$Q_1 = I_1 + I_2 + I_3 + 100 = 100 - 92.97\cos \omega_1 t - 27.085\cos \omega_2 t + 20.025\cos \omega_3 t(\text{kN})$$

# 10.11　考虑阻尼时多自由度体系的强迫振动

前几节讨论的是不考虑阻尼时多自由度体系在简谐荷载或任意荷载作用下的强迫振动。而在工程实际中,大多数情况下阻尼是不能忽略的。考虑阻尼时,即使是简谐荷载,也不能按 10.9 节所述的简单方法求解体系的动力响应,而只能采用振型叠加法。

1.考虑阻尼时的运动方程

从图 10-58 所示刚架容易看出,只要相邻的两个楼层发生相对位移,其间的阻尼器就会发生作用。因此,对于各楼层来说,其阻尼力的大小不只与此楼层的速度有关,而且还与其他楼层的速度有关。

选定第 $i$ 个质点,其阻尼力

$$D_i(t) = -c_{i1}\dot{y}_1 - c_{i2}\dot{y}_2 - \cdots - c_{in}\dot{y}_n \qquad (10-66)$$

式中:$c_{ij}(j = 1, 2, \cdots, n)$ 表示当质点 $j$ 处的速度是 1,其他质点的速度为 0 时,质点 $i$ 处的阻尼

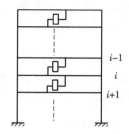

图 10-58　考虑阻尼时多自由度体系

力。

加入阻尼力后,质点 $i$ 处的运动方程为

$$I_i(t) + D_i(t) + S_i(t) + P_i(t) = 0 \qquad (10-67)$$

其中

$$I_i(t) = -m_i \ddot{y}_i \quad S_i(t) = -k_{i1}y_1 - k_{i2}y_2 - \cdots - k_{in}y_n = -\sum_{j=1}^{n} k_{ij}y_j$$

将上式代入式(10-67),整理得

$$m_i \ddot{y}_i + \sum_{j=1}^{n} c_{ij} \dot{y}_j + \sum_{j=1}^{n} k_{ij}y_j = P_i(t)$$

或写为矩阵形式:

$$M\ddot{Y} + C\dot{Y} + KY = P(t) \qquad (10-68)$$

式中　$C$——阻尼矩阵,且有

$$C = \begin{bmatrix} c_{11} & c_{12} & \cdots & c_{1n} \\ c_{21} & c_{22} & \cdots & c_{2n} \\ \vdots & \vdots & & \vdots \\ c_{n1} & c_{n2} & \cdots & c_{nn} \end{bmatrix}$$

2.用振型叠加法求解方程组

为了简化计算,将阻尼矩阵表示为质量矩阵 $M$ 与刚度矩阵 $K$ 的组合形式,即

$$C = \alpha M + \beta K \qquad (10-69)$$

式中　$\alpha, \beta$——两个待定系数。

简化后的阻尼矩阵 $C$ 称为瑞雷阻尼矩阵。

假设此 $n$ 个自由度体系的自振频率分别为 $\omega_1, \omega_2, \cdots, \omega_n$,相应的振型为 $\boldsymbol{\Phi}_1, \boldsymbol{\Phi}_2, \cdots,$ $\boldsymbol{\Phi}_n$,通过振型矩阵,将原来的质点位移变量转换为广义位移:

$$Y = \boldsymbol{\Phi}V \quad \ddot{Y} = \boldsymbol{\Phi}\ddot{V}$$

将上式代入式(10-68),将原方程组中的变量 $Y$ 变成新的变量 $V$:

$$M\boldsymbol{\Phi}\ddot{V} + C\boldsymbol{\Phi}\dot{V} + K\boldsymbol{\Phi}V = P$$

将方程两边同乘以第 $j$ 阶振型的转置 $\boldsymbol{\Phi}_j^{\mathrm{T}}$,得

$$\boldsymbol{\Phi}_j^{\mathrm{T}} M\boldsymbol{\Phi}\ddot{V} + \boldsymbol{\Phi}_j^{\mathrm{T}} C\boldsymbol{\Phi}\dot{V} + \boldsymbol{\Phi}_j^{\mathrm{T}} K\boldsymbol{\Phi}V = \boldsymbol{\Phi}_j^{\mathrm{T}} P \quad (j = 1, 2, \cdots, n) \qquad (10-70)$$

上节已推导出

$$\boldsymbol{\Phi}_j^{\mathrm{T}} \boldsymbol{M} \boldsymbol{\Phi} \ddot{\boldsymbol{V}} = \boldsymbol{\Phi}_j^{\mathrm{T}} \boldsymbol{M} \boldsymbol{\Phi}_j v_j = M_j v_j \quad \boldsymbol{\Phi}_j^{\mathrm{T}} \boldsymbol{K} \boldsymbol{V} = \boldsymbol{\Phi}_j^{\mathrm{T}} \boldsymbol{K} \boldsymbol{\Phi}_j v_j = K_j v_j$$

现推导式（10 – 70）的第二项：

$$\boldsymbol{\Phi}_j^{\mathrm{T}} \boldsymbol{C} \boldsymbol{\Phi} \dot{\boldsymbol{V}} = \boldsymbol{\Phi}_j^{\mathrm{T}} \boldsymbol{C} \boldsymbol{\Phi} \dot{\boldsymbol{V}}$$

$$= \boldsymbol{\Phi}_j^{\mathrm{T}} (\alpha \boldsymbol{M} + \beta \boldsymbol{K}) \boldsymbol{\Phi} \dot{\boldsymbol{V}} = \alpha \boldsymbol{\Phi}_j^{\mathrm{T}} \boldsymbol{M} \boldsymbol{\Phi} \dot{\boldsymbol{V}} + \beta \boldsymbol{\Phi}_j^{\mathrm{T}} \boldsymbol{K} \boldsymbol{\Phi} \dot{\boldsymbol{V}}$$

$$= \alpha \boldsymbol{\Phi}_j^{\mathrm{T}} \boldsymbol{M} \boldsymbol{\Phi}_j \dot{v}_j + \beta \boldsymbol{\Phi}_j^{\mathrm{T}} \boldsymbol{K} \boldsymbol{\Phi}_j \dot{v}_j$$

$$= (\alpha M_j + \beta K_j) \dot{v}_j = C_j \dot{v}_j$$

式中　$M_j, K_j$——第 $j$ 个广义质量和广义刚度；

$C_j$——广义阻尼。

因此式（10 – 70）可写成：

$$M_j \ddot{v}_j + C_j \dot{v}_j + K_j v_j = P_{nj} \quad (j = 1, 2, \cdots, n) \tag{10 – 71}$$

定义 $\xi_j = \dfrac{C_j}{2M_j \omega_j}$，$\xi_j$ 称为第 $j$ 个振型的阻尼比。将方程两边同时除以 $M_j$，整理得

$$\ddot{v}_j + 2\xi_j \omega_j \dot{v}_j + \omega_j^2 v_j = \frac{P_{nj}}{M_j} \quad (j = 1, 2, \cdots, n) \tag{10 – 72}$$

式（10 – 72）所示的方程组中每个方程都只有一个变量 $v_j$，每个方程都可看成是考虑阻尼时单自由度体系在任意荷载作用下的强迫振动。因此，达到了方程组解耦的目的。当初速度及初位移为零时，方程式（10 – 72）的通解为

$$v_j = \frac{1}{M_j \omega_j} \int_0^t P_{nj}(\tau) \mathrm{e}^{-\xi_j \omega_j (t - \tau)} \sin \omega'_j (t - \tau) \mathrm{d}\tau \tag{10 – 73}$$

式中：$\omega'_j = \omega_j \sqrt{1 - \xi_j^2}$。

现讨论如何确定 $\alpha, \beta$。第 $i$ 个振型的阻尼比

$$\xi_j = \frac{C_j}{2M_j \omega_j} = \frac{\alpha M_j + \beta K_j}{2M_j \omega_j} = \frac{1}{2} \left( \frac{\alpha}{\omega_j} + \beta \omega_j \right) \tag{10 – 74}$$

对于实际工程结构，很容易使结构分别按第一振型及第二振型进行自由振动，测量其振幅的衰减情况即可得到相应的阻尼比 $\xi_1, \xi_2$。因此，可将 $\xi_1, \xi_2$ 视为已知，用式（10 – 74）反求 $\alpha, \beta$。

$$\left. \begin{aligned} \xi_1 &= \frac{1}{2} \left( \frac{\alpha}{\omega_1} + \beta \omega_1 \right) \\ \xi_2 &= \frac{1}{2} \left( \frac{\alpha}{\omega_2} + \beta \omega_2 \right) \end{aligned} \right\} \tag{10 – 75}$$

求解式（10 – 75），得

$$\begin{cases} \alpha = \dfrac{2\omega_1 \omega_2 (\xi_1 \omega_2 - \xi_2 \omega_1)}{\omega_2^2 - \omega_1^2} \\ \beta = \dfrac{2(\xi_2 \omega_2 - \xi_1 \omega_1)}{\omega_2^2 - \omega_1^2} \end{cases}$$

利用上式，由式（10 – 74）就可求出其他各阶阻尼比。

现总结一下考虑阻尼时用振型叠加法求解多自由度体系的解题步骤。

（1）计算体系的自振频率和振型。由刚度法或柔度法计算刚度矩阵或柔度矩阵，再计

算自振频率及振型。

（2）建立广义坐标：根据关系式 $Y = \boldsymbol{\Phi}V$，建立新的变量——广义坐标。

（3）求广义质量、广义荷载和各阶阻尼比：

$$M_j = \boldsymbol{\Phi}_j^{\mathrm{T}} M \boldsymbol{\Phi}_j \quad P_{nj} = \boldsymbol{\Phi}_j^{\mathrm{T}} P \quad \xi_j = \frac{1}{2}\left(\frac{\alpha}{\omega_j} + \beta\omega_j\right) \quad (j = 1,2,\cdots,n)$$

（4）形成解耦的方程组：

$$\ddot{v}_j + 2\xi_j\omega_j\dot{v}_j + \omega_j^2 v_j = \frac{P_{nj}}{M_j} \quad (j = 1,2,\cdots,n)$$

（5）求广义坐标 $V$：采用单自由度体系在任意荷载作用下的强迫振动的方法，求解解耦后的方程组，得广义坐标 $V$。

（6）求原变量 $Y$：由 $Y = \boldsymbol{\Phi}V$，求得 $Y$。

（7）求惯性力及动内力：求出动位移后，就可求出速度及加速度，继而求出惯性力及动内力。

**【例 10 - 24】**　例 10 - 22 中三层刚架，设在第二楼层处突加一水平力 $P(t) = P_0 = 100$ kN，考虑阻尼，取 $\xi_1 = \xi_2 = 0.05$，求各楼层的位移。

**【解】**　（1）求频率及振型

由例 10 - 19，得质量矩阵为

$$M = \begin{bmatrix} m_{11} & m_{12} & m_{13} \\ m_{21} & m_{22} & m_{23} \\ m_{31} & m_{32} & m_{33} \end{bmatrix} = 180 \times \begin{bmatrix} 1.75 & 0 & 0 \\ 0 & 1.5 & 0 \\ 0 & 0 & 1 \end{bmatrix} (t)$$

频率为

$$\omega_1 = 13.36(1/s) \quad \omega_2 = 29.40(1/s) \quad \omega_3 = 44.61(1/s)$$

振型矩阵为

$$\boldsymbol{\Phi} = \begin{bmatrix} 1 & 1 & 1 \\ 1.961 & 0.863 & -0.95 \\ 2.918 & -1.467 & 0.358 \end{bmatrix}$$

（2）求广义质量及广义荷载

$$M_1 = \boldsymbol{\Phi}_1^{\mathrm{T}} M \boldsymbol{\Phi}_1 = 180 \times \begin{bmatrix} 1 & 1.961 & 2.918 \end{bmatrix} \begin{bmatrix} 1.75 & 0 & 0 \\ 0 & 1.5 & 0 \\ 0 & 0 & 1 \end{bmatrix} \begin{Bmatrix} 1 \\ 1.961 \\ 2.918 \end{Bmatrix}$$

$$= 2\,886.12(t)$$

$$M_2 = \boldsymbol{\Phi}_2^{\mathrm{T}} M \boldsymbol{\Phi}_2 = 180 \times \begin{bmatrix} 1 & 0.863 & -1.467 \end{bmatrix} \begin{bmatrix} 1.75 & 0 & 0 \\ 0 & 1.5 & 0 \\ 0 & 0 & 1 \end{bmatrix} \begin{Bmatrix} 1 \\ 0.863 \\ -1.467 \end{Bmatrix}$$

$$= 903.6(t)$$

$$M_3 = \boldsymbol{\Phi}_3^{\mathrm{T}} M \boldsymbol{\Phi}_3 = 180 \times \begin{bmatrix} 1 & -0.95 & 0.358 \end{bmatrix} \begin{bmatrix} 1.75 & 0 & 0 \\ 0 & 1.5 & 0 \\ 0 & 0 & 1 \end{bmatrix} \begin{Bmatrix} 1 \\ -0.95 \\ 0.358 \end{Bmatrix}$$

$$= 581.76(\text{t})$$

$$P_{31} = \boldsymbol{\Phi}_1^{\text{T}} \boldsymbol{P} = \begin{bmatrix} 1 & 1.961 & 2.918 \end{bmatrix} \begin{Bmatrix} 0 \\ 100\sin\theta t \\ 0 \end{Bmatrix} = 196.1\sin\theta t(\text{kN})$$

$$P_{32} = \boldsymbol{\Phi}_2^{\text{T}} \boldsymbol{P} = \begin{bmatrix} 1 & 0.863 & -1.467 \end{bmatrix} \begin{Bmatrix} 0 \\ 100\sin\theta t \\ 0 \end{Bmatrix} = 86.3\sin\theta t(\text{kN})$$

$$P_{33} = \boldsymbol{\Phi}_3^{\text{T}} \boldsymbol{P} = \begin{bmatrix} 1 & -0.95 & 0.358 \end{bmatrix} \begin{Bmatrix} 0 \\ 100\sin\theta t \\ 0 \end{Bmatrix} = -95\sin\theta t(\text{kN})$$

根据前面公式可得

$$\begin{cases} \alpha = \dfrac{2\omega_1\omega_2(\xi_1\omega_2 - \xi_2\omega_1)}{\omega_2^{\ 2} - \omega_1^{\ 2}} = \dfrac{2 \times 13.36 \times 29.4 \times (0.05 \times 29.4 - 0.05 \times 13.36)}{29.4^2 - 13.36^2} = 0.919(1/\text{s}) \\[4mm] \beta = \dfrac{2(\xi_2\omega_2 - \xi_1\omega_1)}{\omega_2^2 - \omega_1^2} = \dfrac{2 \times (0.05 \times 29.4 - 0.05 \times 13.36)}{29.4^2 - 13.36^2} = 0.00234(1/\text{s}) \end{cases}$$

由式(10 - 74)求得

$$\xi_3 = \frac{1}{2}\left(\frac{\alpha}{\omega_3} + \beta\omega_3\right) = \frac{1}{2}\left(\frac{0.919}{44.61} + 0.00234 \times 44.61\right) = 0.062$$

(3)建立解耦后的方程组

$$\begin{cases} \ddot{v}_1 + 2\xi_1\omega_1\dot{v}_j + \omega_1^2 v_1 = \dfrac{P_{31}}{M_1} \\[3mm] \ddot{v}_2 + 2\xi_2\omega_3\dot{v}_j + \omega_2^2 v_2 = \dfrac{P_{32}}{M_2} \\[3mm] \ddot{v}_3 + 2\xi_3\omega_3\dot{v}_j + \omega_3^2 v_3 = \dfrac{P_{33}}{M_3} \end{cases}$$

(4)求解方程组

设 $P_{31}^*, P_{32}^*, P_{33}^*$ 分别为广义荷载 $P_{31}, P_{32}, P_{33}$ 的幅值。

上述方程组的通解为

$$v_j = \frac{P_{3j}^*}{M_j\omega_j^2} \frac{1}{\sqrt{\left(1 - \dfrac{\theta^2}{\omega_j^2}\right)^2 + \left(\dfrac{2\xi_j\theta}{\omega_j}\right)^2}} \sin(\theta t - \varphi_j)$$

$$\tan\varphi_j = \frac{2\xi_j\theta\omega_j}{\omega_j^2 - \theta^2}$$

利用上式可求出广义坐标:

$$v_1 = \frac{P_{31}^*}{M_1\omega_1^2} \frac{1}{\sqrt{\left(1 - \dfrac{\theta^2}{\omega_1^2}\right)^2 + \left(\dfrac{2\xi_1\theta}{\omega_1}\right)^2}} \sin(\theta t - \varphi_1) = 2.6 \times 10^{-4}\sin(\theta t - \varphi_1)(\text{m})$$

$$\tan\varphi_1 = \frac{2\xi_1\theta\omega_1}{\omega_1^2 - \theta^2} = -0.108$$

$$v_2 = \frac{P_{32}^*}{M_2\omega_2^2} \frac{1}{\sqrt{\left(1 - \frac{\theta^2}{\omega_2^2}\right)^2 + \left(\frac{2\xi_2\theta}{\omega_2}\right)^2}} \sin(\theta t - \varphi_2) = 2.22 \times 10^{-4} \sin(\theta t - \varphi_2)\,(\text{m})$$

$$\tan\varphi_2 = \frac{2\xi_2\theta\omega_2}{\omega_2^2 - \theta^2} = 0.145$$

$$v_3 = \frac{P_{33}^*}{M_3\omega_3^2} \frac{1}{\sqrt{\left(1 - \frac{\theta^2}{\omega_3^2}\right)^2 + \left(\frac{2\xi_3\theta}{\omega_3}\right)^2}} \sin(\theta t - \varphi_3) = -1.05 \times 10^{-4} \sin(\theta t - \varphi_3)\,(\text{m})$$

$$\tan\varphi_3 = \frac{2\xi_3\theta\omega_3}{\omega_3^2 - \theta^2} = 0.075\,9$$

$v_1, v_2, v_3$ 分别代表三个振型的组合系数,从计算结果来看,$v_1 > v_2 > v_3$,说明第一振型对质点位移的影响要大于第二和第三振型。

(5)求 $y_1, y_2, y_3$

振型矩阵为

$$\boldsymbol{\Phi} = \begin{bmatrix} 1 & 1 & 1 \\ 1.961 & 0.863 & -0.95 \\ 2.918 & -1.467 & 0.358 \end{bmatrix}$$

根据广义位移公式可求得

$$\begin{Bmatrix} y_1 \\ y_2 \\ y_3 \end{Bmatrix} = \begin{bmatrix} 1 & 1 & 1 \\ 1.961 & 0.863 & -0.95 \\ 2.918 & -1.467 & 0.358 \end{bmatrix} \begin{Bmatrix} v_1 \\ v_2 \\ v_3 \end{Bmatrix} = \begin{Bmatrix} v_1 + v_2 + v_3 \\ 1.961v_1 + 0.863v_2 - 0.95v_3 \\ 2.918v_1 - 1.467v_2 + 0.358v_3 \end{Bmatrix}$$

$$y_1 = 2.6 \times 10^{-4} \sin(\theta t - \varphi_1) + 2.22 \times 10^{-4} \sin(\theta t - \varphi_2) - 1.05 \times 10^{-4} \sin(\theta t - \varphi_3)\,(\text{m})$$

$$y_2 = 5.10 \times 10^{-4} \sin(\theta t - \varphi_1) + 1.92 \times 10^{-4} \sin(\theta t - \varphi_2) + 1.00 \times 10^{-4} \sin(\theta t - \varphi_3)\,(\text{m})$$

$$y_3 = 7.6 \times 10^{-4} \sin(\theta t - \varphi_1) - 3.26 \times 10^{-4} \sin(\theta t - \varphi_2) - 0.38 \times 10^{-4} \sin(\theta t - \varphi_3)\,(\text{m})$$

## 10.12　能量法求解自由振动

在动力计算时,根据达朗贝尔原理,在任一时刻引入惯性力,则惯性力与外荷载及支座反力在形式上构成一组平衡力系。于是可以按照静力计算方法求解此时刻的动力反应。而在计算惯性力时,需要考虑结构的质量。实际上,对于任一杆件,质量都是连续分布的。为了方便计算,需要采用一种简化的计算方法。简化的方法有两种:一种是将体系的质量集中到有限个质点上,这样惯性力的个数也就是有限的,这种方法称为质点法;另一种方法是将任一时刻杆件的位移表示成有限个已知位移函数的组合形式,那样变量就是位移函数的组合系数,这种方法称为广义坐标法。

前几节讲述了用质点法求解体系的自由振动,当动力自由度较高时,采用这种近似方法计算工作很繁重。对于一个动力体系,第一阶自振频率和振型对体系的振动起着重要的作用,并且结构的第一振型往往是比较简单的形式,因此可以假定其位移表达式,然后根据能量准则求出体系的基本频率，这种方法称为能量法。

根据能量守恒准则，不考虑阻尼时，没有能量的输入和耗散。因此，任一时刻体系的总能量不变，即体系的动能和变形能之和为常数：

$$E(t) + U(t) = C \qquad (10-76)$$

式中　$E(t)$——体系 $t$ 时刻的动能；

　　　$U(t)$——体系 $t$ 时刻的变形能。

当体系按某一频率作自由振动时，其振动形式是时间 $t$ 的简谐函数形式。体系达到振幅位置时，速度为零，即体系的动能为零，而体系的变形能最大，设为 $U_{max}$；体系经过静力平衡位置时，动位移为零，速度最大，所以体系的变形能为零，动能最大，设为 $E_{max}$。对这两个特定的时刻，可建立下列方程：

$$E_{max} + 0 = 0 + U_{max} = C$$

或

$$E_{max} = U_{max} \qquad (10-77)$$

先假定体系的振型曲线，代入上述方程，就可求出相应的自振频率，这种方法称为瑞雷法。瑞雷法是能量法中的一种方法。

设有一根杆件按某一振型振动，频率设为 $\omega$，振型函数为 $X(x)$，任一时刻位移表达式为

$$y(x,t) = X(x)\sin(\omega t + \varphi) \qquad (10-78)$$

对时间求导，可得任一时刻杆件任一点的速度

$$\dot{y}(x,t) = \omega X(x)\cos(\omega t + \varphi)$$

因此，杆件的动能

$$E(x,t) = \frac{1}{2}\int_0^l \overline{m}(x)[\dot{y}(x,t)]^2 \mathrm{d}x$$

$$= \frac{1}{2}\omega^2\cos^2(\omega t + \varphi)\int_0^l \overline{m}(x)[X(x)]^2 \mathrm{d}x$$

由上式可求得杆件动能的最大值：

$$E_{max} = \frac{1}{2}\omega^2\int_0^l \overline{m}(x)[X(x)]^2 \mathrm{d}x \qquad (10-79)$$

现在求任一时刻杆件的变形能。对于受弯的杆件，可忽略轴向变形及剪切变形引起的变形能，只考虑弯曲变形能。其计算式为

$$U(x,t) = \frac{1}{2}\int_0^l EI[y''(x,t)]^2 \mathrm{d}x$$

$$= \frac{1}{2}\sin^2(\omega t + \varphi)\int_0^l EI[X''(x)]^2 \mathrm{d}x$$

由此求得杆件的最大变形能

$$U_{max} = \frac{1}{2}\int_0^l EI[X''(x)]^2 \mathrm{d}x \qquad (10-80)$$

将式（10-79）和式（10-80）代入式（10-77），可得杆件的频率

$$\omega^2 = \frac{\displaystyle\int_0^l EI[X''(x)]^2 \mathrm{d}x}{\displaystyle\int_0^l \overline{m}(x)[X(x)]^2 \mathrm{d}x} \qquad (10-81)$$

由式(10-81)可求出杆件的自振频率。若已知体系的主振型,则用式(10-81)求出的频率就是一个精确解。一般情况下,不知道主振型对应的位移函数的精确形式,可以假定一个近似的形式,代入式(10-81)可求出相应的频率。显然,所求出的频率的精确度与假定的振型函数有关。

设定振型曲线时,必须要满足位移边界条件。位移边界条件包括杆两端的位移及转角。如:对于铰支座,则支座处水平位移及竖向位移为零;对于固定支座,支座处水平位移、竖向位移为零,且转角为零。

也可取结构在某横向荷载作用下的挠曲线为振型曲线 $X(x)$。此时体系的变形能可用外力功代替,即

$$U_{\max} = \frac{1}{2}\int_0^l q(x)X(x)\,\mathrm{d}x + \frac{1}{2}\sum_{j=1}^n P_j X(x_j)$$

式中　$q(x)$——作用在结构上的分布荷载;

　　　$P_j(j=1,2,\cdots,n)$——集中荷载;

　　　$X(x_j)(j=1,2,\cdots,n)$——第 $j$ 个集中荷载作用点处的位移。

此时式(10-81)为

$$\omega^2 = \frac{\displaystyle\int_0^l q(x)X(x)\,\mathrm{d}x + \sum_{j=1}^n P_j X(x_j)}{\displaystyle\int_0^l \overline{m}(x)\left[X(x)\right]^2\mathrm{d}x} \tag{10-82}$$

通常取自重作用下的挠曲线为振型曲线 $X(x)$,若考虑水平振动,则将自重按水平方向作用即可。

若结构上有 $r$ 个集中质量 $m_1,m_2,\cdots,m_r$,则式(10-82)为

$$\omega^2 = \frac{\displaystyle\int_0^l q(x)X(x)\,\mathrm{d}x + \sum_{j=1}^n P_j X(x_j)}{\displaystyle\int_0^l \overline{m}(x)\left[X(x)\right]^2\mathrm{d}x + \sum_{i=1}^r m_i\left[X(x_i)\right]^2} \tag{10-83}$$

【例 10-25】　如图 10-59 所示,简支梁长 $l$,线密度为 $\overline{m}(x)$,弯曲刚度为 $EI$,用瑞雷法求基本频率。

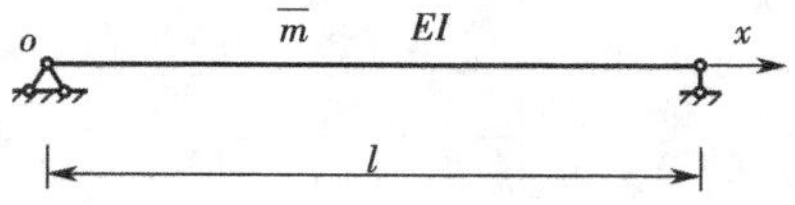

**图 10-59　例 10-25 图**

【解】　①设振型曲线为

$$X(x) = ax(l-x)$$

式中:$a$ 为待定系数。容易看出,所设的振型曲线满足梁两端位移为零的边界条件。

$$X'(x) = a(l-2x) \quad X''(x) = -2a$$

$$\int_0^l EI\left[X''(x)\right]^2\mathrm{d}x = 4a^2 EIl$$

$$\int_0^l \overline{m}(x)[X(x)]^2 dx = \overline{m}a^2 \int_0^l x^2(l-x)^2 dx = \frac{\overline{m}a^2 l^5}{30}$$

代入频率的计算公式，得

$$\omega^2 = \frac{\int_0^l EI[X''(x)]^2 dx}{\int_0^l \overline{m}(x)[X(x)]^2 dx} = \frac{120EI}{\overline{m}l^4}$$

$$\omega = \sqrt{\frac{120EI}{\overline{m}l^4}} = \frac{10.95}{l^2}\sqrt{\frac{EI}{\overline{m}}}$$

此梁基本频率的精确解为

$$\omega^* = \frac{9.87}{l^2}\sqrt{\frac{EI}{\overline{m}}}$$

近似解与精确解的误差为 10.94%。之所以有较大的误差，是因为所设的振型曲线虽然满足了梁两端的位移边界条件，但是不能满足弯矩边界条件。对于受弯的杆件，弯矩边界条件应该尽量满足。

②设振型曲线为

$$X(x) = a\sin\frac{\pi x}{l}$$

式中：$a$ 为待定系数。显然，所设的振型曲线满足梁两端的位移边界条件及弯矩边界条件。

$$X'(x) = a\frac{\pi}{l}\cos\frac{\pi x}{l} \qquad X''(x) = -a\left(\frac{\pi}{l}\right)^2\sin\frac{\pi x}{l}$$

$$\int_0^l EI[X''(x)]^2 dx = \frac{EIa^2\pi^4}{l^4}\int_0^l \left(\sin\frac{\pi x}{l}\right)^2 dx = \frac{EIa^2\pi^4}{2l^3}$$

$$\int_0^l \overline{m}(x)[X(x)]^2 dx = \overline{m}a^2\int_0^l \left(\sin\frac{\pi x}{l}\right)^2 dx = \frac{\overline{m}a^2 l}{2}$$

代入频率的计算公式，得

$$\omega^2 = \frac{\int_0^l EI[X''(x)]^2 dx}{\int_0^l \overline{m}(x)[X(x)]^2 dx} = \frac{\frac{EIa^2\pi^4}{2l^3}}{\frac{\overline{m}a^2 l}{2}} = \frac{EI\pi^4}{\overline{m}l^4}$$

$$\omega = \sqrt{\frac{EI\pi^4}{\overline{m}l^4}} = \frac{9.87}{l^2}\sqrt{\frac{EI}{\overline{m}}}$$

$$\omega = \omega^*$$

所求的近似解与精确解相等，说明所设的挠曲线就是真实的振型曲线。

**【例 10 – 26】**　例 10 – 19 中所示刚架，用瑞雷法求刚架的基本频率。

**【解】**　本题中，忽略柱子的质量，只考虑横梁的质量。将横梁的质量按水平方向施加在横梁的端点，如图 10 – 60 所示。以此荷载作用下的位移曲线为振型曲线。

（1）确定振型曲线

在水平荷载作用下，第一层柱子的剪力

$$Q_1 = (180 + 270 + 315) \times 9.8 \times 10^3 = 7.497 \times 10^6 (\text{N})$$

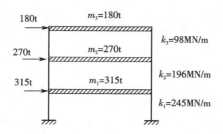

**图 10 – 60   例 10 – 26 图**

第一层横梁的侧移

$$X_1 = \frac{7.497 \times 10^6}{245 \times 10^6} = 0.031 \, (\text{m})$$

第二层柱子的剪力

$$Q_2 = (180 + 270) \times 9.8 \times 10^3 = 4.41 \times 10^6 \, (\text{N})$$

$$X_2 - X_1 = \frac{4.41 \times 10^6}{196 \times 10^6} = 0.023 \, (\text{m})$$

第二层横梁的侧移

$$X_2 = 0.023 + 0.031 = 0.054 \, (\text{m})$$

第三层柱子的剪力

$$Q_3 = 180 \times 9.8 \times 10^3 = 1.764 \times 10^6 \, (\text{N})$$

$$X_3 - X_2 = \frac{1.764 \times 10^6}{98 \times 10^6} = 0.018 \, (\text{m})$$

第三层横梁的侧移

$$X_3 = 0.018 + 0.054 = 0.072 \, (\text{m})$$

代入频率计算公式(10 – 82),得

$$\omega^2 = \frac{\int_0^l q(x) X(x) \, \mathrm{d}x + \sum_{j=1}^n P_j X(x_j)}{\int_0^l \overline{m}(x) \left[ X(x) \right]^2 \mathrm{d}x + \sum_{i=1}^r m_i \left[ X(x_i) \right]^2}$$

$$= \frac{315 \times 9.8 \times 0.031 + 270 \times 9.8 \times 0.054 + 180 \times 9.8 \times 0.072}{315 \times 0.031^2 + 270 \times 0.054^2 + 180 \times 0.072^2}$$

$$= 180.716$$

$$\omega = \sqrt{180.716} = 13.44 \, (1/\text{s})$$

由例 10 – 19 可知,将此刚架按三个自由度进行精确计算时的第一频率 $\omega^* = 13.36 \, (1/\text{s})$。可知近似解与精确解的相对误差为 0.06%,可见按此方法设定的位移函数非常接近实际的振型曲线。

# 习题

10.1   图示外伸梁,$EI = \infty$,均布密度为 $\overline{m}$,支座 $B$ 弹簧刚度为 $k$,$D$ 处有阻尼器,阻尼系

数为 $c$,试列出运动方程。

10.2 图示刚架,各杆 $EI$ 为常数,$BC$ 梁跨中有一简谐荷载 $P(t) = P_0 \sin \theta t$。

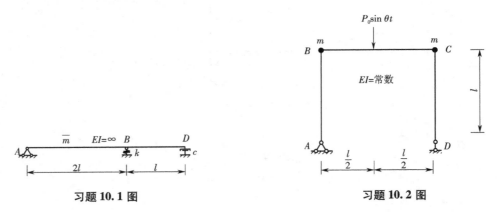

习题 10.1 图

习题 10.2 图

(1)列出运动方程;

(2)求质点处的振幅。

10.3 图示简支梁,$EI$ 为常数,跨中有一集中质量 $m$,支座处弹簧刚度为 $k$,求此体系的自振频率。

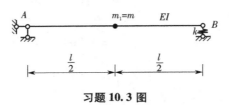

习题 10.3 图

10.4 等截面梁跨长为 $l$,跨中有一集中质量。试求图示各体系的自振频率,并分析支承对自振频率的影响。

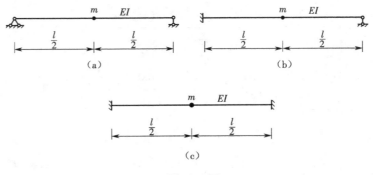

（a）

（b）

（c）

习题 10.4 图

10.5 图示外伸梁,$AB$ 杆的弯曲刚度为 $EI$,$BC$ 杆的弯曲刚度 $EI = \infty$,$BC$ 杆上有均布质量,线密度为 $\bar{m}$,忽略 $AB$ 杆的质量。试求体系的自振频率。

10.6 图示 $AB$ 梁的弯曲刚度 $EI$ 为常数,$BC$ 杆的拉伸刚度 $EA = \dfrac{EI}{3l^2}$,$AB$ 跨中有一简谐荷载 $P(t) = P_0 \sin \theta t$,$B$ 点集中质量为 $m$。

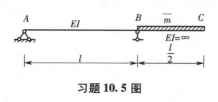

习题 10.5 图

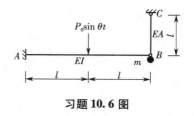

习题 10.6 图

（1）列出运动方程；

（2）求体系的自振频率。

10.7　图示结构，$AB$ 梁跨中有一集中质量 $m$，$AB$、$ED$ 杆的弯曲刚度 $EI$ 为常数，弹簧刚度 $k = \dfrac{3EI}{l^3}$。试求体系的自振频率。

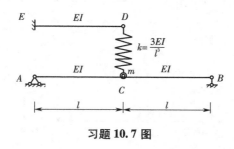

习题 10.7 图

10.8　图示刚架，横梁弯曲刚度 $EI = \infty$，质量为 $m$，柱子的弯曲刚度 $EI$ 为常数，忽略柱子的质量。试求此刚架的自振频率。

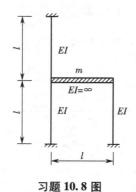

习题 10.8 图

10.9　图示组合结构，$AB$ 梁弯曲刚度 $EI$ 为常数，$AB$ 杆跨中有一集中质量 $m$，各二力杆的拉伸刚度 $EA$ 为常数。求此体系的自振频率。

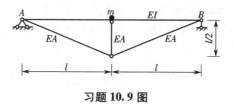

习题 10.9 图

10.10　图示刚架,各杆 $EI$ 为常数,$C$ 支座处的弹簧刚度 $k=\dfrac{3EI}{l^3}$。试求此体系的自振频率。

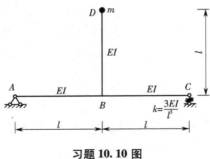

习题 10.10 图

10.11　图示刚架,各杆弯曲刚度 $EI$ 为常数,$AB$ 梁跨中作用一简谐荷载 $P(t)=P_0\sin\theta t$。
(1)列出运动方程;
(2)求集中质量 $m$ 处的振幅。

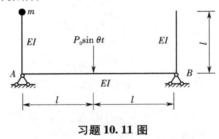

习题 10.11 图

10.12　图示 $AB$ 梁的弯曲刚度 $EI$ 为常数,跨中有一弹簧,弹簧刚度 $k=\dfrac{3EI}{l^3}$,弹簧下悬挂一集中质量 $m$,在质量 $m$ 处作用一简谐荷载 $P(t)=P_0\sin\theta t$。
(1)求质点处的振幅;
(2)求 $AB$ 梁的动弯矩幅值图。

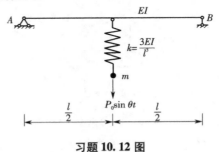

习题 10.12 图

10.13　图示刚架,柱子均为变截面杆,横梁 $AB$ 的拉伸刚度 $EA=\infty$,质量为 $m$,横梁上作用一水平方向的简谐荷载 $P(t)=P_0\sin\theta t$。求横梁 $AB$ 的振幅。

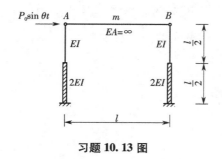

习题 **10.13** 图

10.14　图示桁架结构，$B$ 处有一重物 $W = 1$ kN，各杆 $E = 2.1 \times 10^5$ MPa，面积 $A = 40$ cm$^2$，忽略杆件质量。已知振动的初始条件，$B$ 点的水平位移及速度均为 0，竖向位移为 0，速度为 2 cm/s。求体系的自振频率和振幅。

10.15　图示刚架，各杆弯曲刚度 $EI$ 为常数，质点的质量为 $m$，$BD$ 梁跨中作用一简谐荷载 $P(t) = P_0 \sin \theta t$。求质点处的振幅。

10.16　图示刚架，横梁质量 $m = 2$ t，刚架的初始条件为 $y_0 = 1$ cm，$\dot{y}_0 = 0$，已测得自由振动时振幅的对数递减率为 0.1。

（1）求体系的阻尼比；

（2）求振动 10 周后横梁的位移。

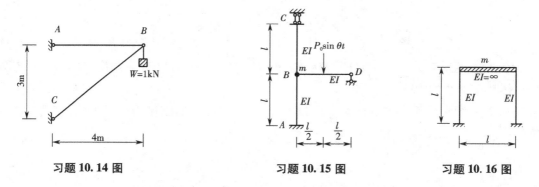

习题 **10.14** 图　　　　　习题 **10.15** 图　　　　习题 **10.16** 图

10.17　图示刚架，柱子的弯曲刚度 $EI = 3 \times 10^6$ N·m$^2$，横梁的弯曲刚度 $EI = \infty$，集中质量 $m = 2$ t，横梁处受到冲击荷载作用。求各柱端的位移及剪力随时间的变化规律。

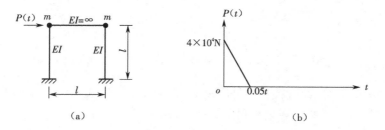

（a）　　　　　　　　　　　（b）

习题 **10.17** 图

10.18　有一结构在做自由振动时，测得其经过 10 个周期后，振幅降为原来幅值的 10%，试求阻尼比。

10.19　图示刚架的弯曲刚度 $EI$ 为常数，求此刚架的自振频率和主振型。

10.20　图示梁 $AB$,跨长 $l = 6$ m,质量集中到两点,其中 $m_1 = 2.7$ t,$m_2 = 2.0$ t,$AB$ 梁的弯曲刚度 $EI = 24.5$ MN·m²,支座 $B$ 的弹簧刚度 $k = \dfrac{48EI}{l^3}$。求此体系的自振频率和主振型。

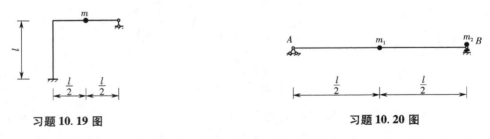

习题 10.19 图　　　　　　　　　　　　　习题 10.20 图

10.21　图示刚架,楼面质量分别为 $m_1 = 120$ t,$m_2 = 100$ t,柱子的线刚度分别为 $i_1 = 20$ MN·m,$i_2 = 14$ MN·m,横梁的刚度 $EI = \infty$,求此体系的自振频率和主振型。

10.22　图示刚架,各杆的弯曲刚度 $EI$ 为常数,求此刚架的自振频率和主振型。

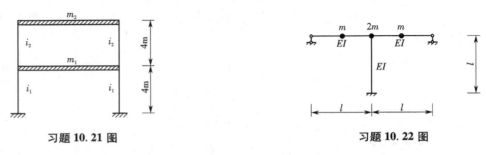

习题 10.21 图　　　　　　　　　　　　　习题 10.22 图

10.23　图示刚架,$AB$、$BD$ 杆的弯曲刚度 $EI$ 为常数,$BC$ 杆的弯曲刚度 $EI = \infty$,求此刚架的自振频率和主振型。

10.24　图示体系,$AB$ 杆的弯曲刚度为 $EI$,$CD$ 杆的弯曲刚度为 $2EI$,弹簧的刚度 $k = \dfrac{2EI}{l^3}$,求此体系的自振频率和主振型。

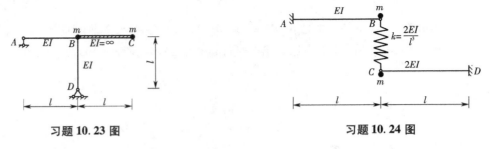

习题 10.23 图　　　　　　　　　　　　　习题 10.24 图

10.25　图示桁架结构,各杆的拉伸刚度 $EA$ 为常数,质点的质量为 $m$,求其自振频率。

10.26　求图示刚架的自振频率和主振型。

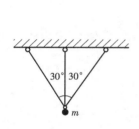

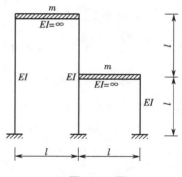

习题 10.25 图　　　　　　　　　　　　　习题 10.26 图

10.27　图示刚架,横梁 $CD$ 的弯曲刚度 $EI = \infty$,所有柱子的弯曲刚度 $EI$ 为常数,$C$、$E$ 点分别有集中质量 $m$ 及 $2m$。忽略横梁及柱子的质量求此体系的自振频率和主振型。

10.28　习题 10.21 中,在第一层楼面处作用有一简谐力 $P(t) = P_0 \sin \theta t, P_0 = 5.0$ kN,荷载变化的频率 $\theta$ 为 150 r/min。求各层楼面的振幅及柱端动弯矩的幅值。

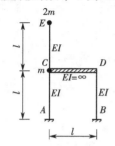

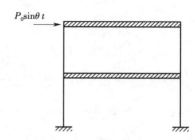

习题 10.27 图　　　　　　　　　　　　　习题 10.28 图

10.29　习题 10.21 中,在第一层楼面处突加一水平荷载 $P_0 = 5.0$ kN,忽略阻尼。求各层楼面的位移及柱端动弯矩的变化规律。

10.30　习题 10.29 中,考虑阻尼的影响,设 $\xi_1 = \xi_2 = 0.02$。试按振型叠加法求各层楼面的位移及柱端动弯矩的变化规律。

10.31　图示刚架,各杆的弯曲刚度 $EI$ 为常数,横梁上作用有简谐均布荷载 $q(t) = q\sin \theta t, \theta = 2.5\sqrt{\dfrac{EI}{ml^3}}$。

（1）求质点处的振幅；

（2）绘出动弯矩幅值图。

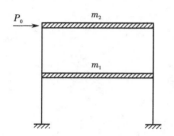

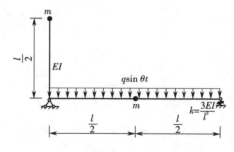

习题 10.29 和 10.30 图　　　　　　　　习题 10.31 图

10.32　图示刚架,各杆的弯曲刚度 $EI$ 为常数,立柱上作用有简谐均布荷载 $q(t) = q\sin\theta t, \theta = 2\sqrt{\dfrac{EI}{ml^3}}$。试绘出动弯矩幅值图。

10.33　图示简支梁,梁长为 $l$,支承在均布弹性支座上,弹簧刚度为 $k$。试用瑞雷法求梁的第一频率。设振型函数为 $X(x) = a\sin\dfrac{\pi x}{l}$。

习题 10.32 图　　　　　　　　　　　　习题 10.33 图

10.34　图示结构,各楼层的质量分别为 $m_1 = 3m, m_2 = 2m, m_3 = m$,各层的侧移刚度分别为 $k_1 = 2k, k_2 = k, k_3 = k$。试用瑞雷法求刚架的第一频率。

10.35　图示简支梁,跨中有一集中质量 $m$,梁的单位长度分布质量为 $\overline{m}, m = \dfrac{\overline{m}l}{2}$,梁的弯曲刚度为 $EI$。试用瑞雷法求梁的第一频率。

(1)振型曲线取 $X(x) = a\sin\dfrac{\pi x}{l}$;

(2)设跨中有一集中力 $P$ 作用,以此荷载作用下的挠曲线为振型曲线。

将两种方法求得的第一频率进行比较。

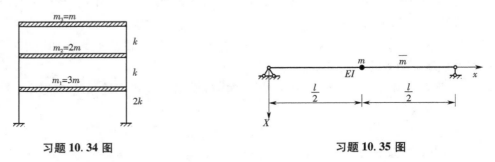

习题 10.34 图　　　　　　　　　　　习题 10.35 图

## 部分习题答案

10.3　$\sqrt{\dfrac{48EI}{ml^3\left(1 + 12\dfrac{EI}{kl^3}\right)}}$　　10.7　$\sqrt{\dfrac{15EI}{2\ ml^3}}$　　10.15　$\dfrac{9Pl^3}{32(15EI - 2m\theta^2 l^3)}$

10.16　$0.015\,9, 0.368$ cm　　10.35　$6.979\sqrt{\dfrac{EI}{l^4\overline{m}}}, 6.978\sqrt{\dfrac{EI}{l^4\overline{m}}}$

# 第 11 章　梁和刚架的极限荷载

在建筑结构及桥梁的设计中,需要确定结构的极限荷载。本章首先讲述三个基本概念,即极限弯矩、塑性铰和破坏机构;然后讨论三个定理,即上限定理、下限定理和单值定理;最后探讨确定梁和刚架极限荷载的两种方法,即机构法和试算法。

## 11.1　概述

前几章讨论的是在荷载作用下的结构计算问题,包括静定结构的内力及位移计算,超静定结构的内力及位移计算,结构在移动荷载作用下的计算及结构在动荷载作用下的动力响应分析。不管是什么样的计算问题,均是将材料看做是完全弹性的,即不论是加载还是卸载,应力与应变间是一种线性关系。在如图 11 - 1(a)所示条件下进行结构计算,当结构的某一部位的应力达到屈服应力时,就认为结构处于最后的极限状态,此时的荷载就是最终的极限荷载,这种分析方法称为弹性分析。按此方法进行结构设计,确定杆件的截面尺寸,这种设计方法称为弹性设计。

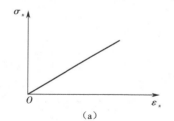
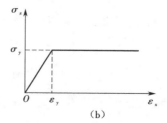

**图 11 - 1　材料的本构关系**

实际上大部分工程材料的应力与应变间服从弹塑性的本构关系,如图 11 - 1(b)所示。图中所示的是简化后单向拉伸时应力与应变的关系。从图中可以看出,当材料达到屈服应力 $\sigma_y$ 后,应力不再增加,而应变可无限增加,称这种材料为理想弹塑性材料。当结构的某一部位应力达到屈服应力时,实际上其他部位的应力仍处于弹性状态,对于结构来讲,仍能继续承担荷载,此时对应的荷载并不是最终的荷载;直到荷载增加到一定值时,结构产生了塑性流动,此时的荷载才是最终的极限荷载。

在结构计算过程中,考虑到材料的弹塑性应力与应变关系,这种分析方法称为弹塑性分析。按此方法进行结构设计,确定杆件的截面尺寸,这种设计方法称为弹塑性设计。与弹塑性设计方法相比,显然弹性设计方法是一种保守的、不经济的方法。

下面以一个简单桁架结构为例,说明弹性分析与弹塑性分析的区别。如图 11 - 2(a)所示,一个由三根杆组成的简单桁架结构,各杆的弹性模量均为 $E$,截面面积均为 $A$,材料为理想弹塑性材料,屈服应力为 $\sigma_y$,相应的屈服应变为 $\varepsilon_y$,且 $\sigma_y = E\varepsilon_y$。三根杆在 $B$ 点连在一起,构成一次超静定结构。在 $B$ 点作用一竖向荷载 $P$,随着荷载 $P$ 的增加,三根杆轴力发生变化,现讨论各杆轴力及应力随荷载 $P$ 的变化规律。

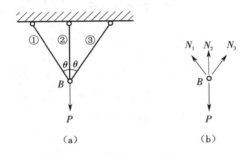

**图 11 – 2　简单桁架的受力分析**

设杆②的长度为 $l_2 = l$,则杆①及杆③的长度为 $l_1 = l_3 = \dfrac{l}{\cos \theta}$。$N_1, N_2, N_3$ 分别为三根杆的轴力,$\sigma_1 = \dfrac{N_1}{A}, \sigma_2 = \dfrac{N_2}{A}, \sigma_3 = \dfrac{N_3}{A}, \sigma_1, \sigma_2, \sigma_3$ 分别为三根杆的轴向应力。

取出结点 $B$,画出作用在 $B$ 点上的所有力,如图 11 – 2(b)所示。

列出平衡方程:

$$\sum X = 0 \quad N_1 = N_3$$

$$\sum Y = 0 \quad 2N_1 \cos \theta + N_2 = P$$

将上述两方程等号两边同除以 $A$,得

$$\begin{cases} \sigma_1 = \sigma_3 \\ 2\sigma_1 \cos \theta + \sigma_2 = \dfrac{P}{A} \end{cases}$$

根据对称性,可知 $B$ 点只有竖向位移,设为 $\delta_y$。可得各杆的拉应变为

$$\varepsilon_2 = \frac{\delta_y}{l} \quad \varepsilon_1 = \varepsilon_3 = \frac{\delta_y \cdot \cos \theta}{\dfrac{l}{\cos \theta}} = \frac{\delta_y \cdot \cos^2 \theta}{l}$$

即

$$\varepsilon_1 = \varepsilon_3 = \varepsilon_2 \cdot \cos^2 \theta$$

当荷载 $P$ 比较小时,各杆均处于弹性状态,此时各杆的应力与应变的关系服从虎克定律:

$$\sigma_1 = E\varepsilon_1 \quad \sigma_2 = E\varepsilon_2 \quad \sigma_3 = E\varepsilon_3$$

综合上述方程,可求得各杆的应力为

$$\begin{cases} \sigma_1 = \sigma_3 = \dfrac{P}{A} \cdot \dfrac{\cos^2 \theta}{1 + 2\cos^3 \theta} \\ \sigma_2 = \dfrac{P}{A} \cdot \dfrac{1}{1 + 2\cos^3 \theta} \end{cases}$$

由各杆应力的表达式可以看出,杆②的应力要大于杆①及杆③,即 $\sigma_2 > \sigma_1 = \sigma_3$,说明杆②首先屈服。

令 $\sigma_2 = \sigma_s$,此时作用在 $A$ 点的荷载

$$P_e = \sigma_s A (1 + 2\cos^3 \theta)$$

荷载 $P_e$ 称为弹性极限荷载,也是按弹性分析方法所得此桁架结构所能承受的最大荷载。

当荷载 $P$ 超过 $P_e$ 后,结构进入弹塑性阶段。此时杆②的应力不再增长,而杆①及杆③的应力仍在增加。由平衡方程可求得此时各杆的应力为

$$\begin{cases} \sigma_1 = \sigma_3 = \dfrac{\dfrac{P}{A} - \sigma_s}{2\cos \theta} \\ \sigma_2 = \sigma_s \end{cases}$$

当杆①与杆③的应力达到屈服应力时,三根杆就都屈服了,此时三根杆产生塑性流动,结构就被破坏了,此时的荷载为塑性极限荷载 $P_u$。$P_u$ 是按弹塑性分析方法所得此桁架结构所能承受的最大荷载。

令 $\sigma_1 = \sigma_3 = \sigma_s$,得

$$P_u = \sigma_s (1 + 2\cos \theta)$$

弹塑性阶段的变形特点是:杆②已达到屈服,产生较大的塑性变形,此时杆①及杆③仍处于弹性状态,因此杆②的塑性变形受到杆①及杆③的限制。此段的受力特点是:当荷载增加时,杆②的应力维持不变,增加的荷载由杆①及杆③承担,因此与弹性阶段相比,杆①及杆③的应力增加更快。

定义:

$$\alpha = \frac{P_u}{P_e} = \frac{\sigma_s (1 + 2\cos \theta)}{\sigma_s (1 + 2\cos^3 \theta)} = \frac{1 + 2\cos \theta}{1 + 2\cos^3 \theta}$$

显然 $\alpha$ 的大小体现了考虑材料的塑性后,结构承载力提高的程度。其值与 $\theta$ 角有关,当 $\theta = 30°$ 时,$\alpha = 1.19$;当 $\theta = 45°$ 时,$\alpha = 1.41$。

从计算结构来看,考虑材料的塑性后,结构的承载力有不小的提高。对于实际的工程结构,当荷载增加时,它从弹性阶段逐渐过渡到弹塑性阶段,最后到塑性极限状态。其变化过程可能很复杂。而在工程上,更关心的是极限荷载值 $P_u$ 及结构的最终状态,因此可不考虑中间的变化过程,而直接求 $P_u$,这种分析方法称为极限分析法。本章就采用极限分析法求梁及刚架的塑性极限荷载。塑性极限荷载简称为极限荷载。

## 11.2　极限弯矩、塑性铰及破坏机构

### 1. 极限弯矩

如图 11－3(a)所示,一根纯弯曲的简支梁,假设截面为 $b \times h$ 的矩形,随着外力偶 $M$ 的增加,梁的截面应力发生变化,梁由弹性阶段逐渐过渡到弹塑性阶段,然后达到极限状态。

### 1)弹性阶段

当外力偶 $M$ 较小时,截面处于弹性状态,截面上的应力沿高度方向是线性分布的,如图 11－3(b)所示。应力值

$$\sigma_x = \frac{My}{I}$$

由上式可以看出,中性轴处应力为零,边缘处应力最大。当边缘处应力达到屈服应力 $\sigma_y$ 时,梁处于弹性极限状态,此时的荷载 $M$ 为弹性极限荷载 $M_e$,如图 11 −3(c)所示。此极限荷载

$$M_e = \frac{\sigma_s I}{\frac{h}{2}} = \frac{1}{6}\sigma_s bh^2$$

2)弹塑性阶段

如图 11 −3(d)所示,当外力偶 $M \geqslant M_e$ 时,梁处于弹塑性阶段,此时截面分成弹性区与塑性区,设弹性区与塑性区的分界线为 $y = y_0$,则 $y = y_0$ 时,$\sigma_x = \sigma_s$。

此时,截面的应力分布为

$$\sigma_x = \begin{cases} \sigma_s \dfrac{y}{y_0} & (|y| \leqslant y_0) \\ \pm \sigma_s & (|y| > y_0) \end{cases}$$

截面的弯矩

$$M = 2b\left( \int_0^{y_0} \sigma_s \frac{y}{y_0} y \mathrm{d}y + \int_{y_0}^{\frac{h}{2}} \sigma_s y \mathrm{d}y \right) = b\sigma_s \left( \frac{h^2}{4} - \frac{y_0^2}{3} \right)$$

当弹性区与塑性区的分界线 $y_0 = 0$ 时,整个截面均是塑性区,此时的弯矩为极限弯矩 $M_u$,如图 11 −3(e)所示。

令 $y_0 = 0$,由上式可得

$$M_u = \frac{bh^2 \sigma_s}{4}$$

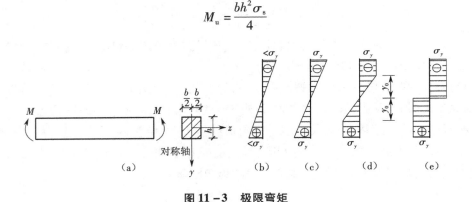

**图 11 −3  极限弯矩**

由以上的分析可以看出,极限弯矩是指整个截面均处于塑性区时相应的弯矩。求梁的极限弯矩的步骤如下。

(1)确定中性轴的位置。在集中力偶或竖向荷载作用下,截面的轴力为零,即 $N = 0$。假设材料的抗拉屈服应力与抗压屈服应力相等。设中性轴以上的面积为 $A_上$,中性轴以下的面积为 $A_下$,则

$$\sigma_s A_上 = \sigma_s A_下$$

即

$$A_上 = A_下$$

由此可确定中性轴的位置。

(2)求极限弯矩。设中性轴以上部分的形心位置距中性轴距离为 $y_上$,中性轴以下部分

的形心位置距中性轴距离为 $y_\text{下}$，则

$$M_\text{u} = \sigma_\text{s} A_\text{上} y_\text{上} + \sigma_\text{s} A_\text{下} y_\text{下} = \sigma_\text{s}(A_\text{上} y_\text{上} + A_\text{下} y_\text{下}) = \sigma_\text{s} W_y$$

式中　$W_y$——塑性截面模量。

**【例 11 -1】**　梁的截面尺寸如图 11 -4 所示,已知材料的屈服应力 $\sigma_\text{s} = 230$ MPa。求梁的极限弯矩。

**【解】**　(1)确定中性轴的位置

设中性轴距截面底面距离为 $c$,根据拉应力合力与压应力合力相等原则,得

$$\sigma_\text{s} A_\text{上} = \sigma_\text{s} A_\text{下}$$

即

$$A_\text{上} = A_\text{下}$$

$$3 \times 6 + 10 \times (3 - c) = 10 \times c$$

$$c = 2.4(\text{cm})$$

(2)求极限弯矩

先求塑性截面模量

$$W_y = 3 \times 6 \times 3.6 + 10 \times 0.6 \times 0.3 + 10 \times 2.4 \times 1.2 = 95.4(\text{cm}^3)$$

则

$$M_\text{u} = \sigma_\text{s} W_y = 230 \times 10^6 \times 95.4 \times 10^{-4} = 2.19 \times 10^3(\text{kN} \cdot \text{m})$$

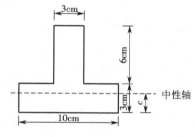

**图 11 -4　例 11 -1 图**

2. 塑性铰

如图 11 -5(a)所示,简支梁 AB 在跨中承受集中荷载 P 的作用。随着荷载的增加,梁的各截面弯矩发生变化,在荷载 P 作用下,弯矩图如图 11 -5(b)所示。显然,跨中 C 截面的弯矩最大,有

$$M_C = \frac{1}{4}Pl$$

当 $P = P_\text{e} = \dfrac{4M_\text{e}}{l}$ 时,$M_C = M_\text{e}$。此时,梁的跨中截面的上、下边缘开始屈服,此时的荷载 $P_\text{e}$ 是弹性极限荷载,这也标志着弹性阶段的结束。

当 $P > P_\text{e}$ 时,梁内开始出现弹塑性分区。图 11 -5(c)所示是梁的中面,阴影所示是塑性区,跨中截面 C 的弹性区高度为 $\xi$。随着荷载 P 的增加,梁内塑性区逐渐增大,弹性区逐渐减小。对于跨中截面,弹性区高度 $\xi$ 越来越小。

当 $P = P_\text{u} = \dfrac{4M_\text{u}}{l}$ 时,$M_C = M_\text{u}$。此时,梁的跨中截面已完全进入塑性状态,如图 11 -5(d)所示。此时,梁的跨中产生塑性流动,就像在跨中形成一个铰,此铰称为塑性铰,如图 11 -5(e)所示。

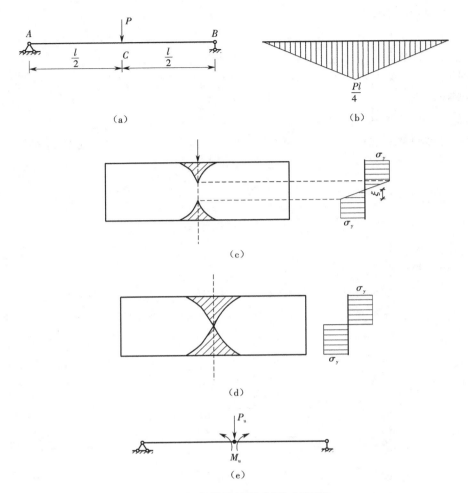

图 11 - 5　塑性铰的形成(集中荷载)

塑性铰与普通铰不同,它的形成表示此截面的弯矩已达到极限弯矩 $M_u$。当截面的弯矩达到 $+M_u$,此铰称为正塑性铰;当截面的弯矩达到 $-M_u$,此铰称为负塑性铰。

3. 破坏机构

对于图 11 - 5(a)所示的简支梁,当 $P = P_u = \dfrac{4M_u}{l}$ 时,$M_C = M_u$,此时在跨中形成一塑性铰如图 11 - 5(e)所示,梁就变成一个破坏机构。

【例 11 - 2】　如图 11 - 6(a)所示简支梁,承受均布荷载 $q$ 作用,试确定其破坏机构。

【解】　随着均布荷载 $q$ 的增加,梁的各截面弯矩发生变化,绘出的弯矩图如图 11 - 6(b)所示。显然,跨中 $C$ 截面的弯矩最大,有

$$M_C = \frac{1}{8}ql^2$$

当 $q = q_e = \dfrac{8M_e}{l^2}$ 时,$M_C = M_e$。此时,跨中截面的上、下边缘开始屈服,此时的荷载 $q_e$ 是弹性极限荷载,这标志着弹性阶段的结束。

当 $q > q_e$ 时，梁内开始出现弹塑性分区。图 11 - 6(c) 所示是梁的中面，阴影所示是塑性区，弹性区与塑性区的分界线是两条双曲线。随着荷载 $q$ 的增加，梁内塑性区逐渐增大，弹性区逐渐减小。对于跨中截面，弹性区也越来越小。

当 $q = q_u = \dfrac{8M_u}{l^2}$ 时，$M_C = M_u$。此时，梁的跨中截面已完全进入塑性状态，如图 11 - 6(d) 所示，图中的两条斜线代表两组双曲线的渐近线。此时，梁的跨中产生塑性流动，就像在跨中形成一个铰，此铰称为塑性铰，如图 11 - 6(e) 所示。

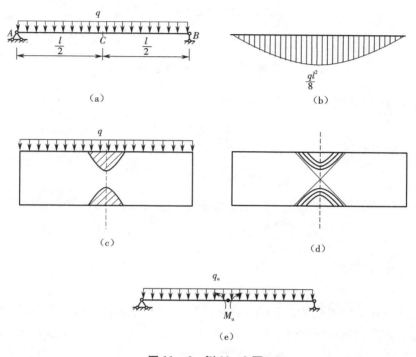

图 11 - 6　例 11 - 2 图

当塑性铰形成后，在跨中截面就产生了塑性流动，此时的梁就变成了破坏机构。图 11 - 6(e) 所示的机构就是破坏机构。

【**例 11 - 3**】　图 11 - 7(a) 所示的两端固支梁，承受均布荷载 $q$ 作用，试确定其破坏机构。

【**解**】　当荷载 $q$ 较小时，梁处于弹性阶段，此时可采用弹性分析法，绘出的弯矩图如图 11 - 7(b) 所示。由图可以看出，两个固定端的弯矩最大。因此，梁两端的外侧纤维首先屈服，此时的荷载 $q_e$ 称为弹性极限荷载。令 $\dfrac{1}{12}q_e l^2 = M_y$，则 $q_e = \dfrac{12M_y}{l^2}$。

当荷载继续增大，即 $q \geq q_e$，此时梁进入弹塑性阶段，弹性分析法不再适用。在此不研究其弹塑性的发展过程，只关心最终的极限状态。当固定端形成塑性铰后，此梁仍为超静定结构，并未形成破坏机构，荷载继续增加，直到跨中形成第 3 个塑性铰后，原来的超静定梁变成了机构，此机构即为破坏机构，此时的 $q_u$ 荷载称为塑性极限荷载，如图 11 - 7(c) 所示。

在荷载达到 $q_u$ 的瞬时，梁达到极限状态，此时梁仍满足静力平衡条件。

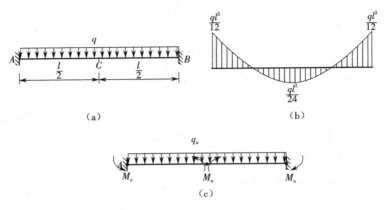

**图 11 − 7　例 11 − 3 图**

取半根梁 $AC$ 段为隔离体,由 $\sum M_A = 0$,得

$$q_u \times \frac{l}{2} \times \frac{l}{4} = 2M_u$$

$$q_u = 16 \frac{M_u}{l^2}$$

此例没有讨论其弹塑性的复杂发展过程,而直接求解最后的极限荷载和相应的极限状态。问题的关键是首先要确定破坏机构的可能形式。这个问题将在后面的章节中讲解。

## 11.3　三个定理

本章只讨论在比例加载条件下结构的极限荷载和极限状态问题。所谓比例加载,是指作用在结构上的荷载是按比例增加的。如图 11 − 8 所示,$\alpha_1, \alpha_2, \cdots, \alpha_n, \beta$ 均为常数,$P^*$ 是公共参数,随着 $P^*$ 的增加,作用在梁上的荷载同时按比例($\alpha_1 : \alpha_2 : \cdots : \alpha_n : \beta$)增大。本章所讲述的求结构的极限荷载方法只适用于比例加载情况。

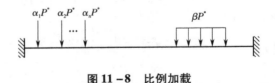

**图 11 − 8　比例加载**

在讲述三个定理之前,先讨论结构极限状态所必须满足的三个条件。

(1)机构条件。作为结构的极限状态,首先必须是破坏机构。当结构有足够数目的塑性铰出现时,结构变成几何可变体系或瞬变体系,此时就形成破坏机构。

(2)屈服条件。作为结构的极限状态,任一截面的弯矩都不应超过极限弯矩 $M_u$,即

$$|M| \leq M_u$$

(3)平衡条件。在极限荷载作用下,结构达到极限状态,此时结构整体及任一局部均应满足静力平衡条件。

下面讲述三个定理及其证明。

1. 上限定理

对于结构的某一破坏机构,按静力平衡条件求出与此破坏机构相应的荷载,此荷载称为可破坏荷载。可破坏荷载大于或等于极限荷载,即可破坏荷载是极限荷载的上限。记 $P^+$ 是可破坏荷载,则 $P^+ \geqslant P_u$。

显然,可破坏荷载对应的状态满足机构条件和平衡条件,但不一定满足屈服条件。

2. 下限定理

在某荷载作用下,各截面弯矩的绝对值均小于或等于极限弯矩,则此荷载称为可接受荷载。可接受荷载小于或等于极限荷载,即可接受荷载是极限荷载的下限。记 $P^-$ 是可接受荷载,则 $P^- \leqslant P_u$。

显然,可接受荷载对应的状态满足屈服条件和平衡条件,但不一定满足机构条件。

3. 单值定理

在某荷载作用下,形成了足够数目的塑性铰,即构成了破坏机构,说明此荷载是可破坏荷载;又任一截面弯矩均小于极限弯矩,说明此荷载又是可接受荷载,那么此荷载就是极限荷载。

4. 上限定理的证明

如图 11 - 8 所示,假设梁上作用有集中荷载 $\alpha_1 P^*, \alpha_2 P^*, \cdots, \alpha_n P^*$ 和均布荷载 $\beta P^*$,且荷载均是按比例增加的。在可破坏荷载 $P^+\alpha_1, P^+\alpha_2, \cdots, P^+\alpha_n$ 和 $P^+\beta$ 作用下,形成了 $m$ 个塑性铰,构成破坏机构。对此破坏机构,给定一虚位移,根据虚功原理,有

$$P^+\alpha_1\Delta_1 + P^+\alpha_2\Delta_2 + \cdots + P^+\alpha_n\Delta_n + \int P^+\beta\Delta_\beta \mathrm{d}s = M_{u1}\theta_1 + M_{u2}\theta_2 + \cdots + M_{um}\theta_m$$

$$P^+(\alpha_1\Delta_1 + \alpha_2\Delta_2 + \cdots\alpha_n\Delta_n + \int\beta\Delta_\beta \mathrm{d}s) = M_{u1}\theta_1 + M_{u2}\theta_2 + \cdots + M_{um}\theta_m \qquad (11-1)$$

式中　$\Delta_1, \Delta_2, \cdots, \Delta_n, \Delta_\beta$——各荷载作用点处的位移;

　　$\theta_1, \theta_2, \cdots, \theta_m$——各塑性铰处的角位移。

在塑性铰处,由于截面两侧的相对转角方向与截面弯矩方向总是一致的,所以上式方程右边各项均为正值。

对于实际极限状态,$P_u$ 为极限荷载。此时,作用在梁上的荷载为 $P_u\alpha_1, P_u\alpha_2, \cdots, P_u\alpha_n$, $P_u\beta$。对此平衡状态,给定同样的虚位移,根据虚功原理,有

$$P_u\alpha_1\Delta_1 + P_u\alpha_2\Delta_2 + \cdots + P_u\alpha_n\Delta_n + \int P_u\beta\Delta_\beta \mathrm{d}s = M_1\theta_1 + M_2\theta_2 + \cdots + M_m\theta_m$$

$$P_u(\alpha_1\Delta_1 + \alpha_2\Delta_2 + \cdots + \alpha_n\Delta_n + \int\beta\Delta_\beta \mathrm{d}s) = M_1\theta_1 + M_2\theta_2 + \cdots + M_m\theta_m \qquad (11-2)$$

在极限状态下,各截面弯矩均小于或等于极限弯矩,所以有

$$M_1\theta_1 + M_2\theta_2 + \cdots + M_m\theta_m \leqslant M_{u1}\theta_1 + M_{u2}\theta_2 + \cdots + M_{um}\theta_m$$

比较式(11 - 1)与式(11 - 2),得

$$P^+ \geqslant P_u$$

5. 下限定理的证明

对于实际的极限荷载 $P_u\alpha_1, P_u\alpha_2, \cdots, P_u\alpha_n$ 和 $P_u\beta$,在此组荷载作用下,梁达到极限状态,设此时有 $k$ 个塑性铰,各塑性铰处的极限弯矩分别为 $M_{u1}, M_{u2}, \cdots, M_{uk}$。给定虚位移,根

据虚功原理,有

$$P_u\alpha_1\Delta_1 + P_u\alpha_2\Delta_2 + \cdots + P_u\alpha_n\Delta_n + \int P_u\beta\Delta_\beta ds = M_{u1}\theta_1 + M_{u2}\theta_2 + \cdots + M_{uk}\theta_k$$

$$P_u(\alpha_1\Delta_1 + \alpha_2\Delta_2 + \cdots + \alpha_n\Delta_n + \int \beta\Delta_\beta ds) = M_{u1}\theta_1 + M_{u2}\theta_2 + \cdots + M_{uk}\theta_k \quad (11-3)$$

式中 $\Delta_1, \Delta_2, \cdots, \Delta_n, \Delta_\beta$ ——各荷载作用点处的位移;

$\theta_1, \theta_2, \cdots, \theta_k$ ——各塑性铰处的角位移。

在塑性铰处,由于截面两侧的相对转角方向与截面弯矩方向总是一致的,所以上式方程右边各项均为正值。

设有一组可接受荷载 $P^-\alpha_1, P^-\alpha_2, \cdots, P^-\alpha_n$ 和 $P^-\beta$,在此组荷载作用下,梁内各截面弯矩的绝对值应小于或等于极限弯矩。给定同样的虚位移,根据虚功原理,有

$$P^-\alpha_1\Delta_1 + P^-\alpha_2\Delta_2 + \cdots + P^-\alpha_n\Delta_n + \int P^-\beta\Delta_\beta ds = M_1\theta_1 + M_2\theta_2 + \cdots + M_k\theta_k$$

$$P^-(\alpha_1\Delta_1 + \alpha_2\Delta_2 + \cdots + \alpha_n\Delta_n + \int \beta\Delta_\beta ds) = M_1\theta_1 + M_2\theta_2 + \cdots + M_k\theta_k \quad (11-4)$$

式中 $M_1, M_2, \cdots, M_k$ ——各塑性铰所在截面的弯矩。

在极限状态下,各截面弯矩均小于或等于极限弯矩,所以有

$$M_1\theta_1 + M_2\theta_2 + \cdots + M_k\theta_k \leqslant M_{u1}\theta_1 + M_{u2}\theta_2 + \cdots + M_{uk}\theta_k$$

比较式(11-3)与式(11-4),得

$$P^- \leqslant P_u$$

6. 单值定理的证明

若荷载 $P$ 是可破坏荷载,根据上限定理,有

$$P \geqslant P_u$$

若荷载 $P$ 是可接受荷载,根据下限定理,有

$$P \leqslant P_u$$

则

$$P = P_u$$

也可以从另外一个角度证明此定理。若荷载 $P$ 是可破坏荷载,所对应的状态应满足机构条件和平衡条件;同时荷载 $P$ 又是可接受荷载,所对应的状态应满足屈服条件。说明荷载 $P$ 对应的状态同时满足机构条件、屈服条件和平衡条件,则此荷载就是极限荷载。

## 11.4 单跨梁的极限荷载

1. 破坏机构的可能形式

如图 11-9(a)所示,梁上有均布荷载及集中荷载作用,且荷载间保持一定的比例关系。当有两个塑性铰形成时,此梁就变成了破坏机构。图 11-9(b)及(c)分别表示破坏机构一及破坏机构二,塑性铰的位置在固定端及集中荷载作用点处;图 11-9(d)表示破坏机构三,塑性铰的位置在固定端及均布荷载段内 $x$ 截面处。由于均布荷载段内弯矩图应是光滑曲线,若想使某截面弯矩取极值,条件为 $\dfrac{dM}{dx} = 0$,又因为 $\dfrac{dM}{dx} = Q$,所以使弯矩取极值的位置应在

均布荷载段内剪力为零处。根据此原则可确定均布荷载段内塑性铰的位置 $x$。

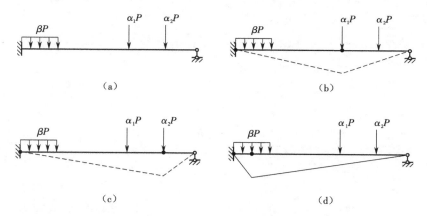

图 11 - 9　塑性铰的位置

当梁上的荷载方向均为向下时,在集中荷载作用点处,弯矩图只会出现 V 字形转折。因此,在跨中只会出现正的塑性铰,负的塑性铰只出现在固定端。

将以上的分析总结如下:

(1)塑性铰的可能位置在固定端、集中荷载作用点处、均布荷载段内剪力为零处;

(2)当梁上的荷载方向均为向下时,负的塑性铰只出现在固定端。

2. 单跨梁的极限荷载确定方法

确定梁的极限荷载有两种方法:机构法和试算法。

1)机构法

机构法的依据是上限定理。具体的做法是找出所有的破坏机构,求出所有的可破坏荷载,可破坏荷载中最小值就是极限荷载,所对应的状态就是极限状态。

【例 11 - 4】　如图 11 - 10(a)所示,已知 $l = 8$ m,梁的极限弯矩 $M_u = 88$ kN·m,求梁的极限荷载和相应的极限状态。

【解】　此超静定梁只有一种破坏机构,塑性铰的可能位置分别是两个固定端和荷载作用点处。假设虚位移如图 11 - 10(b)所示,根据虚功原理,得

$$P_u \cdot 2\theta \cdot \frac{l}{3} = M_u \cdot 2\theta + M_u \cdot 3\theta + M_u \cdot \theta$$

$$P_u = \frac{9M_u}{l} = 99 \, (\text{kN})$$

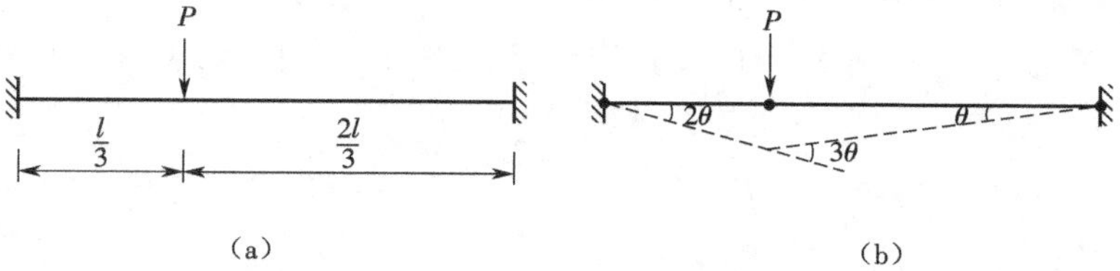

图 11 - 10　例 11 - 4 图

【例 11 - 5】　如图 11 - 11(a)所示,两端固支梁上有均布荷载 $q$ 及集中荷载 $P = 3ql$ 作

用,梁的极限弯矩为 $M_u$ ,求梁的极限荷载和相应的极限状态。

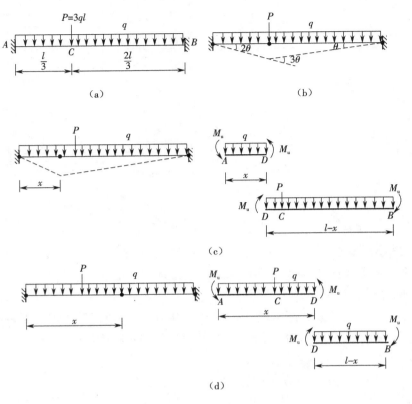

（a）

（b）

（c）

（d）

图 11 – 11　例 11 – 5 图

【解】　塑性铰的位置可能在固定端、集中荷载作用点处及均布荷载段内剪力为零处。

（1）破坏机构一

如图 11 – 11(b)所示,塑性铰在两个固定端及集中荷载作用点处。

设定虚位移,根据虚功原理,得

$$P \cdot 2\theta \cdot \frac{l}{3} + q \cdot \frac{1}{2} \cdot 2\theta \cdot \frac{l}{3} \cdot l = M_u \cdot 2\theta + M_u \cdot 3\theta + M_u \cdot \theta$$

$$q = \frac{2.57 M_u}{l^2}$$

（2）破坏机构二

塑性铰在两个固定端及均布荷载段内剪力为零($Q = 0$)处,设为 $D$ 截面。

设 $x$ 在 $C$ 截面左侧,如图 11 – 11(c)所示。取 $AD$ 段为隔离体,由 $\sum M_A = 0$,得

$$\frac{1}{2}qx^2 = 2M_u$$

取 $DB$ 段为隔离体,由 $\sum M_B = 0$,得

$$\frac{1}{2}q(l-x)^2 + 2ql^2 = 2M_u$$

将上两个式子联立求解,得

$$x = 2.5l$$

显然塑性铰不可能在 $C$ 截面左侧。

设 $x$ 在 $C$ 截面右侧,如图 11 – 11(d)所示。取 $AD$ 段为隔离体,由 $\sum M_A = 0$,得

$$\frac{1}{2}qx^2 + P \cdot \frac{l}{3} = 2M_u$$

取 $DB$ 段为隔离体,由 $\sum M_B = 0$,得

$$\frac{1}{2}q\ (l-x)^2 = 2M_u$$

将上两个式子联立求解,得

$$x = -0.5l$$

显然塑性铰也不可能在 $C$ 截面右侧。

因此,在均布荷载段内不存在剪力为零处,则

$$q_u = \frac{2.57M_u}{l^2}$$

【**例 11 – 6**】　如图 11 – 12(a)所示,变截面梁 $AC$ 段极限弯矩为 $3M_u$,$CB$ 段极限弯矩为 $M_u$,求梁的极限荷载和相应的极限状态。

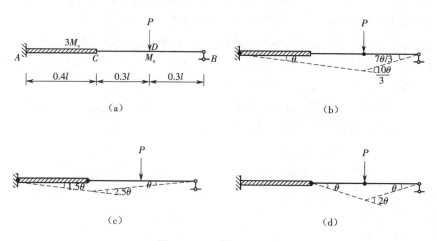

图 11 – 12　例 11 – 6 图

【**解**】　塑性铰的位置可能在固定端、集中荷载作用点处及变截面处。

(1)破坏机构一

如图 11 – 12(b)所示,塑性铰在固定端及集中荷载作用点处。

设定虚位移,根据虚功原理,得

$$P \cdot \frac{7\theta}{3} \cdot 0.3l = M_u \cdot \frac{10\theta}{3} + 3M_u \cdot \theta$$

$$P = \frac{9.05M_u}{l}$$

(2)破坏机构二

如图 11 – 12(c)所示,塑性铰在固定端及变截面处。

设定虚位移,根据虚功原理,得

$$P \cdot \theta \cdot 0.3l = M_u \cdot \frac{5\theta}{2} + 3M_u \cdot \frac{3\theta}{2}$$

$$P = \frac{23.33M_u}{l}$$

(3)破坏机构三

如图 11 – 12(d)所示,塑性铰在集中荷载作用点及变截面处。

设定虚位移,根据虚功原理,得

$$P \cdot \theta \cdot 0.3l = M_u \cdot \theta + M_u \cdot 2\theta$$

$$P = \frac{10M_u}{l}$$

取三个荷载中的最小值,即

$$P_u = \frac{9.05M_u}{l}$$

则破坏机构一为极限状态。

2)试算法

试算法的依据是单值定理。首先在所有的破坏机构中选出最有可能成为极限状态的破坏机构,求出相应的可破坏荷载。然后绘出在此破坏荷载作用下的弯矩图,证明任一截面弯矩均不超过其极限弯矩,说明此荷载是可接受荷载,根据单值定理,此荷载就是极限荷载。

【例 11 – 7】　如例 11 – 6 中的变截面梁,AC 段极限弯矩为 $3M_u$,CB 段极限弯矩为 $M_u$,用试算法求梁的极限荷载和相应的极限状态。

【解】　将三个破坏机构进行比较,确定破坏机构一最有可能成为极限状态。

选定破坏机构一,如图 11 – 12(b)所示。根据虚功原理,求出

$$P = \frac{9.05M_u}{l}$$

此时,$M_A = -3M_u$,$M_D = M_u$,绘出的弯矩图如图 11 – 13 所示。从弯矩图可以看出:

AC 段　$|M| \leqslant 3M_u$

CB 段　$|M| \leqslant M_u$

即在荷载 $P = \dfrac{9.05M_u}{l}$ 作用下,各截面弯矩均不超过其极限弯矩,说明其是可接受荷载,则此荷载就是极限荷载。

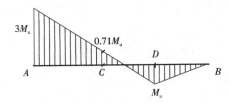

图 11 – 13　例 11 – 7 图

## 11.5　多跨梁的极限荷载

### 1. 破坏机构的可能形式

如图 11 – 14(a)所示,两跨连续梁上有集中荷载作用,且荷载间保持一定的比例关系。图 11 – 14(b)和(c)分别表示破坏机构一和破坏机构二。

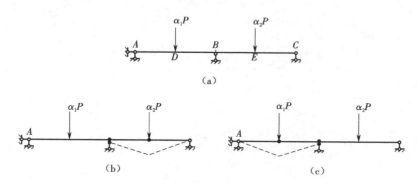

**图 11 – 14　多跨梁的破坏机构**

总之,当作用在梁上的荷载均为向下时,多跨超静定梁的破坏机构应在各跨内独立形成,在各跨内形成破坏机构时,应与单跨梁的破坏机构的可能形式一样。

### 2. 多跨梁的极限荷载确定方法

#### 1)机构法

与单跨梁一样,机构法的依据是上限定理,即找出所有的破坏机构,求出所有的可破坏荷载。可破坏荷载中最小值就是极限荷载,所对应的状态就是极限状态。

**【例 11 – 8】**　如图 11 – 15(a)所示,$P = 4q$,截面的极限弯矩 $M_u = 140.25$ kN · m,试确定连续梁的极限荷载 $q_u$。

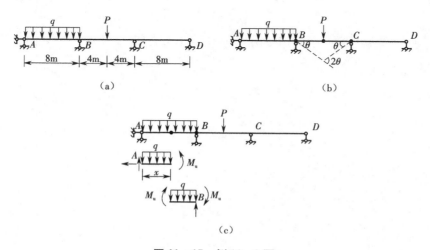

**图 11 – 15　例 11 – 8 图**

**【解】**　对于破坏机构一(图 11 – 15(b)),由虚功方程有

$$P \cdot 4\theta = M_u \cdot \theta + M_u \cdot \theta + M_u \cdot 2\theta$$

$$P = M_u$$

$$q = \frac{M_u}{4}$$

对于破坏机构二(图 11 – 15(c)),由 $\sum M_A = 0$,得

$$q \cdot \frac{x^2}{2} = M_u$$

由 $\sum M_B = 0$,得

$$q \cdot \frac{(8-x)^2}{2} = 2M_u$$

由上述两个方程得

$$\frac{x}{8-x} = \sqrt{\frac{1}{2}}$$

$$x = 8(\sqrt{2} - 1)$$

求得

$$q = \frac{3 + 2\sqrt{2}}{32} M_u = 0.18 M_u$$

则极限荷载为 $q_u = 0.18 M_u$。

【例 11 – 9】　如图 11 – 16(a)所示,试确定连续梁的极限荷载 $q_u$。

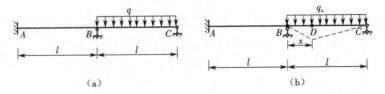

图 11 – 16　例 11 – 9 图

【解】　此连续梁只有一个破坏机构,如图 11 – 16(b)所示,塑性铰 $D$ 处的剪力为零。

对 $BD$ 段,$\sum M_B = 0$,得

$$\frac{1}{2} q_u^2 x - 2M_u = 0$$

$$x = 2\sqrt{\frac{M_u}{q_u}}$$

对 $DC$ 段,$\sum M_C = 0$,得

$$q_u = 2\frac{M_u}{(l-x)^2}$$

由上述两个方程得

$$x = (2 - \sqrt{2})l$$

$$q_u = 11.66\frac{M_u}{l^2}$$

**【例 11 – 10】**　如图 11 – 17(a)所示,$AB$ 跨的极限弯矩为 $1.5M_u$,$BC$ 跨及 $CD$ 跨的极限弯矩为 $M_u$,试确定连续梁的极限荷载 $P_u$。

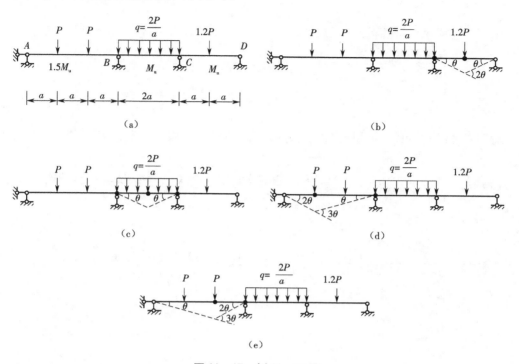

**图 11 – 17　例 11 – 10 图**

**【解】**(1)破坏机构一

如图 11 – 17(b)所示,有

$$1.2P \times a\theta = M_u \times \theta + M_u \times 2\theta$$

$$P = \frac{2.5M_u}{a}$$

(2)破坏机构二

如图 11 – 17(c)所示,有

$$\frac{2P}{a} \times \frac{1}{2} \times 2a \times a\theta = M_u \times \theta + M_u \times 2\theta + M_u \times \theta$$

$$P = \frac{2M_u}{a}$$

(3)破坏机构三

如图 11 – 17(d)所示,有

$$P \times 2a\theta + P \times a\theta = M_u \times \theta + 1.5M_u \times 3\theta$$

$$P = \frac{1.83M_u}{a}$$

(4)破坏机构四

如图 11 – 17(e)所示,有

$$P \times 2a\theta + P \times a\theta = M_u \times 2\theta + 1.5M_u \times 3\theta$$

$$P = \frac{2.17M_u}{a}$$

比较上述四个可破坏荷载,可知

$$P_u = \frac{1.83M_u}{a}$$

即破坏机构三是极限状态。

2)试算法

对于有的结构,可能的破坏机构个数较多,或用机构法求极限荷载较麻烦时,可采用试算法。

【例11-11】 如图11-18(a)所示,各跨梁的极限弯矩为 $M_u$,试求此连续梁的极限荷载。

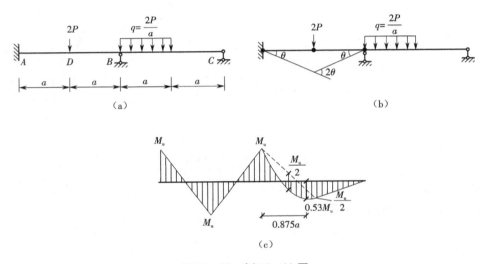

图11-18 例11-11图

【解】 此连续梁有两种破坏机构,而且求 $BC$ 跨的可破坏荷载时较麻烦。将 $AB$ 跨与 $BC$ 跨比较,更容易在 $AB$ 跨形成破坏机构。设破坏机构如图11-18(b)所示,分别在 $A$ 端、$D$ 截面及 $B$ 截面形成塑性铰,由虚功原理得

$$2P \times a\theta = M_u \times \theta + M_u \times \theta + M_u \times 2\theta$$

$$P = \frac{2M_u}{a}$$

绘出 $P = \frac{2M_u}{a}$ 作用下的弯矩图,如图11-18(c)所示。由弯矩图可知,任一截面弯矩小于极限弯矩 $M_u$,即此破坏机构满足屈服条件,由单值定理可知,此荷载就是极限荷载。图11-18(b)所示机构就是极限状态。

对于此连续梁来说,因为绘制 $P = \frac{2M_u}{a}$ 作用下的弯矩图比较简单,所以用试算法比较简单。

## 11.6　简单刚架的极限荷载

1. 破坏机构的可能形式

简单刚架是由若干根杆组成的,其破坏机构有梁机构与侧移机构两种形式。图 11 – 19 (a)所示是两次超静定结构,所受荷载满足比例加载条件,此结构有两种破坏机构。如图 11 –19(b)所示,在 $E$ 点及 $C$ 点各形成一个塑性铰,因此杆 $BEC$ 形成破坏机构,此机构称为梁机构。如图 11 –19(c)所示,在 $A$ 点、$C$ 点及 $D$ 点各形成一个塑性铰,此时破坏形态发生整体侧移,称为侧移机构。图 11 –19(d)所示机构实际上并不存在,因为若在 $A$ 点、$E$ 点及 $D$ 点形成塑性铰,则 $E$ 点就是负塑性铰,此时 $BEC$ 杆的弯矩图会在 $E$ 点形成倒 V 字形尖角,这显然是不可能的,这也证明不会形成图 11 –19(d)所示的破坏机构。

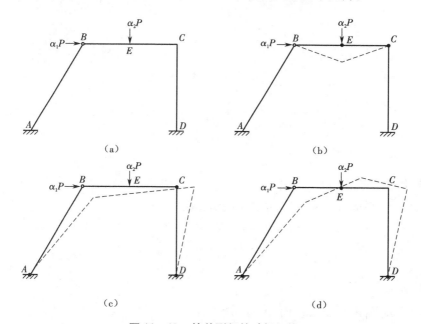

**图 11 –19　简单刚架的破坏机构**

综上所述,对于梁机构,其破坏机构同单跨梁相同,即塑性铰的可能位置在刚结点、集中荷载作用点或均布荷载段内剪力为零处。而当刚架上形成足够数目的塑性铰,使其整体或局部产生侧向移动时,即形成侧移机构。

2. 应用举例

【例 11 –12】　如图 11 –20(a)所示刚架,杆 $AB$ 及杆 $CD$ 的极限弯矩为 $M_u$,杆 $BC$ 的极限弯矩为 $2M_u$,求此刚架的极限荷载。

【解】　此刚架有三种破坏机构,分别如图 11 –20(b)、(c)和(d)所示,采用机构法求解此题。

（1）破坏机构一

图 11 –20(b)所示为梁机构,由虚功原理得

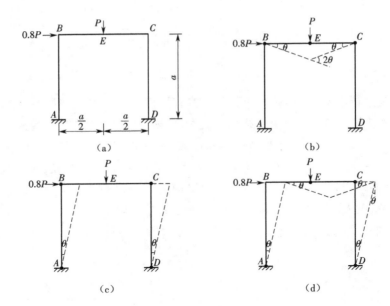

图 11-20    例 11-12 图

$$P \times \frac{a}{2}\theta = M_u \times \theta + M_u \times \theta + 2M_u \times 2\theta$$

$$P = \frac{12M_u}{a}$$

(2)破坏机构二

图 11-20(c)所示为侧移机构,由虚功原理得

$$0.8P \times a\theta = M_u \times \theta + M_u \times \theta + M_u \times \theta + M_u \times \theta$$

$$P = \frac{5M_u}{a}$$

(3)破坏机构三

图 11-20(d)所示为侧移机构,由虚功原理得

$$0.8P \times a\theta + P \times \frac{a}{2}\theta = M_u \times \theta + M_u \times \theta + M_u \times 2\theta + 2M_u \times 2\theta$$

$$P = \frac{80M_u}{13a}$$

将三个可破坏荷载比较可知,极限荷载为 $P_u = \dfrac{5M_u}{a}$,极限状态为破坏机构二。

# 习题

11.1    已知材料的屈服极限 $\sigma_y = 235$ MPa,求图示各截面的极限弯矩 $M_u$。

(a)工字形截面;(b)T 形截面;(c)圆截面;(d)环形截面。

11.2    设梁的极限弯矩为 $M_u$,求图示静定梁的极限荷载。

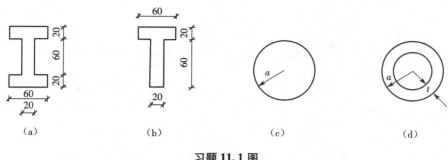

习题 **11.1** 图

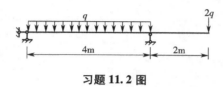

习题 **11.2** 图

11.3　已知梁截面为矩形，$b \times h = 3\ \text{cm} \times 6\ \text{cm}$，且屈服极限 $\sigma_y = 235$ MPa，求图示静定梁的极限荷载。

11.4　已知等截面梁的极限弯矩为 $M_u$，求图示单跨超静定梁的极限荷载。

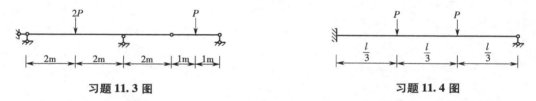

习题 **11.3** 图　　　　　　　　　　　习题 **11.4** 图

11.5　已知梁的极限弯矩为 200 kN·m，求图示单跨超静定梁的极限荷载。

11.6　求图示变截面梁的极限荷载。

习题 **11.5** 图　　　　　　　　　　　习题 **11.6** 图

11.7　设梁的极限弯矩为 $M_u$，求图示梁的极限荷载 $q_u$。

11.8　已知梁的极限弯矩为 $M_u$，求图示两跨超静定梁的极限荷载。

11.9　已知梁的极限弯矩为 $M_u$，求图示两跨超静定梁的极限荷载。

11.10　求图示变截面梁的极限荷载。

11.11　求图示三跨等截面连续梁的极限荷载。

11.12　求图示三跨等截面连续梁的极限荷载。

11.13　求图示变截面梁的极限荷载。

11.14　求图示三跨变截面梁的极限荷载。

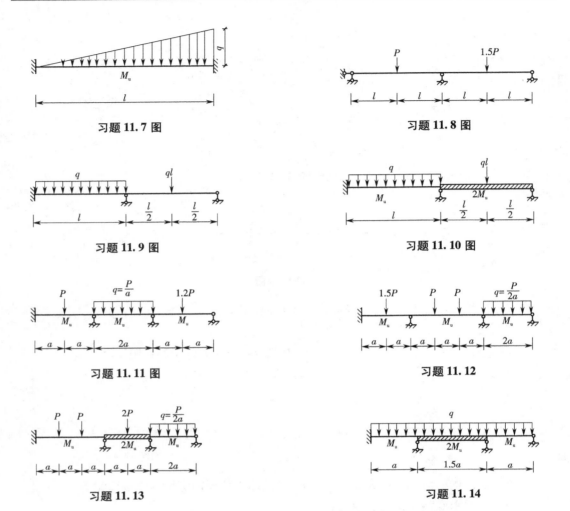

习题 11.7 图

习题 11.8 图

习题 11.9 图

习题 11.10 图

习题 11.11 图

习题 11.12

习题 11.13

习题 11.14

11.15　已知图示刚架 $AB$ 杆及 $BC$ 杆的极限弯矩为 $M_u$，$CD$ 杆的极限弯矩为 $2M_u$，求图示刚架的极限荷载。

11.16　已知图示刚架 $AB$ 杆及 $CD$ 杆的极限弯矩为 $M_u$，$BC$ 杆的极限弯矩为 $2M_u$，求图示刚架的极限荷载。

习题 11.15 图

习题 11.16 图

11.17－11.18　已知图示刚架各杆的极限弯矩为 $M_u$，求图示刚架的极限荷载。

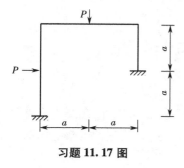

**习题 11.17 图**

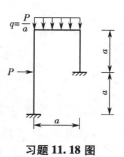

**习题 11.18 图**

# 部分习题答案

11.1　(b)$M_u = 11.28$ kN·m

11.2　$q_u = \dfrac{M_u}{4}$

# 第 12 章　结构的稳定计算

在建筑结构及桥梁的设计中,除了要满足结构的强度和刚度要求以外,还要考虑其稳定性。本章首先讲述稳定的概念及分类,然后针对第一类稳定问题,介绍三种求解受压杆件临界荷载的方法——静力法、初参数法及能量法。

## 12.1　稳定的概念及分类

结构在静荷载及动荷载作用下,除了要考虑其应力分布及位移以外,还要保证其平衡状态的稳定性。对于结构中某些细长杆件来说,在较大的压力下,会突然发生平衡状态的改变,由此使杆件及整个结构发生破坏,这种破坏方式称为失稳。稳定问题一直是工程界极为重视的课题。

根据发生失稳破坏时的形态不同将稳定问题分为两类:第一类稳定问题及第二类稳定问题。

对于第一类稳定问题,如图 12 – 1(a)所示,$AB$ 杆是中心受压的杆件,$A$ 端铰支,$B$ 端链杆支承。当所受的压力 $P$ 较小时,在某横向干扰力作用下,会发生微小的弯曲变形,当干扰力去掉后,$AB$ 杆就恢复原来的状态,这说明在此竖向荷载 $P$ 作用下,原来的竖直平衡状态是稳定的。而当荷载 $P$ 超过一定值($P_{cr}$)后,若受到某横向干扰力作用时,会发生微小的弯曲变形,当干扰力去掉后,$AB$ 杆没有恢复原状或发生了更大的弯曲变形,此时称原来的竖直平衡状态是不稳定的,或称 $AB$ 杆丧失了稳定性,$P_{cr}$ 称为临界荷载。此时新的平衡状态是某弯曲状态,即对应的最大挠度 $\Delta \neq 0$,如图 12 – 1(b)所示。随着荷载 $P$ 的增加,$AB$ 杆的平衡状态发生了质的改变,即由竖直的平衡状态($\Delta = 0$)变成弯曲的平衡状态($\Delta \neq 0$),如图 12 – 1(c)所示。

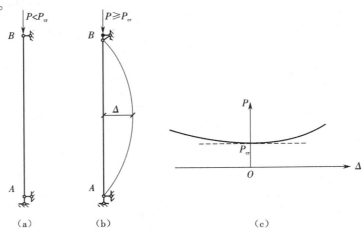

图 12 – 1　第一类稳定问题

如图 12 – 1(c)所示,当 $P \geqslant P_{cr}$ 时,$P$ – $\Delta$ 曲线出现了分支,因此 $P_{cr}$ 又称为分支荷载。正因为此,第一类稳定问题又称为具有平衡分支点的稳定问题。

工程中属于第一类稳定问题的例子还有很多。如图 12 – 2(a)所示,刚架的两根柱子受到轴心压力作用,当荷载 $P$ 超过了临界值 $P_{cr}$ 时,柱子发生失稳破坏,即稳定平衡状态由竖直状态变为弯曲状态。如图 12 – 2(b)所示,一根工字形薄壁梁受到面内荷载 $P$ 的作用,当 $P$ 较小($P < P_{cr}$)时,梁会发生平面内弯曲,而当 $P \geqslant P_{cr}$ 时,在某横向干扰下,梁会发生平面外弯曲,此时平面外弯曲会是其稳定的平衡状态。

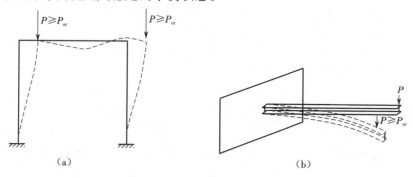

**图 12 – 2　刚架及薄壁梁的失稳**

综上所述,当杆件发生第一类稳定问题时,其平衡状态发生了质的改变,即由原来的平衡状态变成新的平衡状态。有的教材上将这种现象称为屈曲,因此临界荷载又称为屈曲荷载。由图 12 – 1(c)可以看出,屈曲后的 $P$ – $\Delta$ 曲线的斜率非常小,因此可近似认为 $P_{cr}$ 就是杆件所能承受的最大荷载。

对于第二类稳定问题,如图 12 – 3(a)所示,杆件 $AB$ 受到偏心压力作用,当荷载 $P$ 较小时,杆件就发生屈曲变形,其挠度 $\Delta \neq 0$;随着荷载的增加,$\Delta$ 也增加;当 $P \geqslant P_{cr}$ 时,杆的挠度 $\Delta$ 会大大增加,这时称杆件 $AB$ 丧失了稳定性,其 $P$ – $\Delta$ 曲线如图 12 – 3(b)所示。实际上在荷载 $P < P_{cr}$ 时,杆件某截面的最大应力已超过屈服极限,说明杆件已进入弹塑性阶段。若考虑材料的弹塑性,$P$ – $\Delta$ 曲线如图 12 – 3(b)中实线所示。若不考虑材料的弹塑性,即将材料视为线弹性材料,则 $P$ – $\Delta$ 曲线如图 12 – 3(b)中虚线所示。

当杆件发生第二类失稳时,其平衡状态不发生质的改变,只是当荷载达到临界荷载时,变形突然大大增加。对于第二类稳定问题,当荷载还小于临界荷载时,杆件就已进入弹塑性状态,并且已发生比较大的变形。即此类问题涉及物理非线性及几何非线性,研究起来非常复杂,不属于本门课程的研究范畴,也就是说本章只研究第一类稳定问题。

第一类稳定问题一般出现在细长的轴心受压杆件中。在荷载作用下,这类杆件需要同时满足强度条件、刚度条件及稳定条件。

要注意强度问题与稳定问题的区别。根据强度条件可求出极限荷载 $P_u$,即保证当 $P \leqslant P_u$ 时,杆件的应力不超过其强度极限。而根据稳定条件可求出临界荷载 $P_{cr}$,即保证当 $P \leqslant P_{cr}$ 时,杆件保持原来的平衡状态。还需要注意强度问题与稳定问题在解题方法上的区别。求解强度问题时,可在原来的平衡状态上建立平衡方程;而对于稳定问题,因为要求的临界荷载是介于新旧平衡状态临界点的荷载,所以要想求出 $P_{cr}$ 需要在新的平衡状态上建立平衡方程。

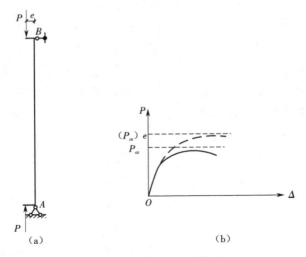

**图 12 – 3　偏心受压的杆件**

　　求临界荷载有三种方法:静力法、初参数法及能量法。以下各节分别讲解用这三种方法求解临界荷载。

## 12.2　静力准则及静力法

　　静力法是求解杆件临界荷载的最基本方法,它所依据的准则是静力准则。下面以一个单参数的杆件为例,说明静力准则。

　　如图 12 –4(a)所示,杆件 AB 是刚性杆,A 端是弹性抗转支座,这是一种新出现的支座形式,由铰支座和两根弹簧组成。当刚性杆发生旋转角 $\theta$ 时,支座一边的弹簧会伸长,由此产生拉力,而另一边的弹簧被压缩,产生压力。这两个力形成一个力矩,约束刚性杆的旋转。此力矩的大小为 $k_\theta \cdot \theta$,其中 $k_\theta$ 为支座的转动刚度系数。

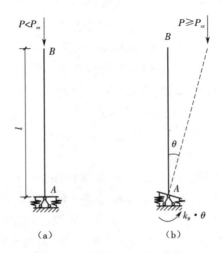

**图 12 – 4　刚性杆的两种平衡状态**

设杆件在图 12 – 4(b) 中的位置维持平衡,则荷载 $P$ 产生的倾覆力矩 $Pl\sin\theta$ 应等于弹性抗转力矩 $k_\theta\cdot\theta$,即

$$Pl\sin\theta = k_\theta\cdot\theta \tag{12 – 1}$$

式(12 – 1)有两个解:

(1)$\theta = 0$ 时,$P$ 为任意值;

(2)$\theta\neq 0$ 时,$P = \dfrac{k_\theta\cdot\theta}{l\sin\theta}$。

下面分别讨论这两个解。

1. $\theta = 0$ 时,$P$ 为任意值

$\theta = 0$ 代表竖直平衡状态,为了分析此平衡状态的稳定性,需对刚性杆施加一微小干扰,使其发生微小的旋转角 $\delta_\theta$,然后再去掉干扰,观察它是否能回到原竖直平衡状态。若撤去干扰力后,杆件回到原平衡位置,说明原竖直平衡状态是稳定的,否则说明其是不稳定的。

注意 $\delta_\theta$ 是一微小角度,所以 $\sin\delta_\theta\approx\delta_\theta$。下面分三种情况讨论。

1)$P < \dfrac{k_\theta}{l}$

如图 12 – 5(a) 所示,此时荷载 $P$ 产生的倾覆力矩为 $Pl\sin\delta_\theta\approx Pl\cdot\delta_\theta$,而弹性抗转支座产生的抗覆力矩为 $k_\theta\cdot\delta_\theta$。倾覆力矩显然小于抗覆力矩,所以必须有干扰力 $H_d$ 的作用,使得由 $P$ 及 $H_d$ 共同作用产生的倾覆力矩刚好等于抗覆力矩,此时才能在 $\delta_\theta$ 位置维持平衡。当干扰力 $H_d$ 撤去后,倾覆力矩又小于抗覆力矩,因此杆件又回到原来平衡位置。这说明当 $P < \dfrac{k_\theta}{l}$ 时,原竖直平衡状态是稳定的平衡位置。

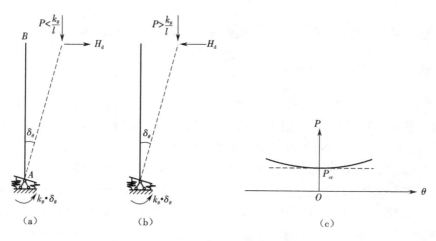

**图 12 – 5　刚性压杆的稳定问题**

2)$P > \dfrac{k_\theta}{l}$

如图 12 – 5(b) 所示,此时荷载 $P$ 产生的倾覆力矩($Pl\sin\delta_\theta\approx Pl\cdot\delta_\theta$)大于弹性抗转支座产生的抗覆力矩 $k_\theta\cdot\delta_\theta$。所以必须有反向的干扰力 $H_d$ 的作用,使得由 $P$ 产生的倾覆力矩刚好等于由干扰力 $H_d$ 及抗转支座共同作用产生的抗覆力矩,此时才能在倾斜位置维持平衡。

当干扰力 $H_d$ 撤去后,倾覆力矩大于抗覆力矩,因此杆件不能回到原来平衡位置,而会产生更大的倾斜。这说明当 $P > \dfrac{k_\theta}{l}$ 时,原竖直平衡状态不再是稳定的平衡位置。

3) $P = \dfrac{k_\theta}{l}$

此状态为上两个状态的过渡点,为一临界状态。

以上分析说明,当 $P < \dfrac{k_\theta}{l}$ 时,原竖直状态是稳定的平衡状态;当 $P > \dfrac{k_\theta}{l}$ 时,原竖直状态不再是稳定的平衡状态;$P = \dfrac{k_\theta}{l}$ 为一过渡点。

2. $\theta \neq 0$ 时,$P = \dfrac{k_\theta \cdot \theta}{l \sin \theta}$

$\theta \neq 0$ 代表杆件处于倾斜位置,绘出此函数代表的曲线,如图 12 – 5(c)所示。

容易求出此曲线任一点的切线斜率

$$\frac{\mathrm{d}P}{\mathrm{d}\theta} = \frac{k_\theta}{l(\sin \theta)^2}(\sin \theta - \theta \cos \theta) \tag{12 – 2}$$

将式(12 – 2)在 $\theta = 0$ 附近做泰勒展开,可知

$$\frac{\mathrm{d}P}{\mathrm{d}\theta}\Big|_{\theta = 0} = 0 \quad \frac{\mathrm{d}P}{\mathrm{d}\theta}\Big|_{\theta > 0} > 0 \quad \frac{\mathrm{d}P}{\mathrm{d}\theta}\Big|_{\theta < 0} < 0$$

从图 12 – 5(c)可以看出,倾斜角 $\theta$ 随着荷载 $P$ 的增加而加大。也就是说,当荷载 $P$ 增大时倾斜角才会增加,即当 $P \geq \dfrac{k_\theta}{l}$ 时,倾斜的状态是稳定的平衡状态。实际上曲线非常平缓,因此可近似用一条直线代替。这也说明当荷载 $P = \dfrac{k_\theta}{l}$ 时,出现了新的平衡状态,此时杆件处于随遇状态,定义 $P_{cr} = \dfrac{k_\theta}{l}$,$P_{cr}$ 为临界荷载。

静力准则:对于轴心受压的杆件,当荷载 $P$ 达到临界荷载值时,杆件出现了新的平衡状态,即此时杆件处于随遇状态;反过来也成立,在轴向压力作用下,杆件出现了新的平衡状态,即杆件处于随遇状态,此时的荷载即为临界荷载。

用静力准则求解临界荷载的方法称为静力法。用静力法也可求出非刚性杆件的临界荷载。如图 12 – 6(a)所示,$AB$ 杆的弯曲刚度为 $EI$,$A$ 端为固支,$B$ 端为链杆支承,受到轴向压力 $P$ 作用。根据静力准则,当 $P = P_{cr}$ 时,杆件处于随遇状态,即出现了新的平衡状态。新的平衡状态就是弯曲状态,如图 12 – 6(b)所示。以 $A$ 点为坐标原点,杆的轴线为 $x$ 轴,挠曲方向为 $y$ 轴,建立直角坐标系。设 $B$ 端链杆支承的反力为 $R$,则 $x$ 截面处的弯矩

$$M = P \cdot y + R(l - x) \tag{12 – 3}$$

式中　$y$——$x$ 截面处的挠度。

又因为弯矩与曲率间是线性关系,则

$$M = -EIy'' \tag{12 – 4}$$

由式(12 – 3)与式(12 – 4)联立,消去 $M$,得

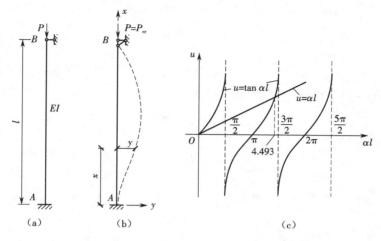

**图 12 - 6　一端固支、一端链杆支承的稳定计算**

$$y'' + \frac{P}{EI}y = -\frac{R}{EI}(l-x) \qquad (12-5)$$

设 $\alpha^2 = \dfrac{P}{EI}$，则有

$$y'' + \alpha^2 y = -\frac{R}{EI}(l-x) \qquad (12-6)$$

式（12 - 6）是常系数二阶非线性微分方程，通解为

$$y = A\cos \alpha x + B\sin \alpha x - \frac{R}{P}(l-x) \qquad (12-7)$$

式中　$A, B, \dfrac{R}{P}$——待定系数，由边界条件决定。

边界条件为：$x = 0$ 处，$y|_{x=0} = 0$，$y'|_{x=0} = 0$；$x = l$ 处，$y|_{x=l} = 0$。

将上述边界条件代入式（12 - 7），得

$$\left. \begin{array}{l} A - \dfrac{R}{P}l = 0 \\[2mm] B\alpha + \dfrac{R}{P} = 0 \\[2mm] A\cos \alpha l + B\sin \alpha l = 0 \end{array} \right\} \qquad (12-8)$$

根据静力准则可知，$A$、$B$ 及 $\dfrac{R}{P}$ 一定不全为零，即方程组一定有非零解。因此，其系数行列式一定为零，即

$$\begin{vmatrix} 1 & 0 & -l \\ 0 & \alpha & 1 \\ \cos \alpha l & \sin \alpha l & 0 \end{vmatrix} = 0$$

展开上述行列式，得

$$\tan \alpha l = \alpha l \qquad (12-9)$$

式（12 - 9）称为稳定方程，此方程是超越方程，可用图解法或试算法求解。

现在用图解法求解此方程。将方程式(12-9)分解为两个方程:

$$\left. \begin{array}{l} u = \tan \alpha l \\ u = \alpha l \end{array} \right\} \qquad (12-10)$$

如图12-6(c)所示,$u = \tan \alpha l$ 对应的曲线与 $u = \alpha l$ 对应的直线有无数个交点。即方程组(12-10)有无穷多个解,取其中最小的值为

$$(\alpha l)_{\min} = 4.493$$

则临界荷载

$$P_{\mathrm{cr}} = (\alpha_{\min})^2 EI = \frac{20.19EI}{l^2} = \frac{\pi^2 EI}{(0.7l)^2}$$

在稳定计算中,弹性杆件的临界荷载统一表达式为

$$P_{\mathrm{cr}} = \frac{\pi^2 EI}{(\mu l)^2}$$

式中　$\mu l$——计算长度,与杆两端的边界条件有关。

由以上的计算可知,一端固支、一端链杆支承的杆件的计算长度为 $0.7l$。

将 $P_{\mathrm{cr}} = \dfrac{\pi^2 EI}{(0.7l)^2}$ 代回式(12-8),可求出 $A$、$B$ 与 $\dfrac{R}{P}$ 的比值。但由于其系数行列式值为零,所以无法求出 $A$、$B$ 与 $\dfrac{R}{P}$ 的确定值,只能求出其比例关系。这也从侧面证明了当荷载达到临界荷载时,杆件处于随遇状态。

现总结用静力法求临界荷载的步骤:

(1)假设杆件的新平衡状态;

(2)在新的平衡状态上建立弯矩方程;

(3)建立弯矩与曲率的关系方程;

(4)将两个方程联立,得到关于挠度 $y$ 的二阶非线性微分方程;

(5)求解微分方程,得到方程的通解,通解中含有待定系数;

(6)写出杆件的边界条件;

(7)根据边界条件得到关于待定系数的方程组;

(8)由方程组的系数行列式值为零得到稳定方程。

【例12-1】　如图12-7(a)所示,$AB$ 及 $BC$ 杆均为刚性杆,支座 $B$ 及支座 $C$ 的弹簧刚度均为 $k$,求此体系的临界荷载 $P_{\mathrm{cr}}$。

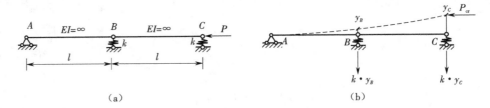

(a)　　　　　　　　　　　　　　(b)

**图12-7　例12-1图**

【解】　设定新的平衡状态如图12-7(b)所示。设支座 $B$ 处的竖向位移为 $y_B$,支座 $C$ 处的竖向位移为 $y_C$,则支座 $B$ 处的竖向反力为 $ky_B$,支座 $C$ 处的竖向反力为 $ky_C$。

由 $\sum M_A = 0$，得

$$y_C P = k y_B \cdot l + k y_C \cdot 2l$$

整理此式得

$$y_B \cdot kl + y_C \cdot (2kl - P) = 0 \qquad\qquad (\text{a})$$

由 $\sum M_B = 0$，得

$$(y_C - y_B) P = k y_C \cdot l$$

整理此式得

$$y_B \cdot P + y_C \cdot (kl - P) = 0 \qquad\qquad (\text{b})$$

因式（a）及式（b）中变量 $y_B$ 及 $y_C$ 不同时为零，所以其方程组的系数行列式值一定为零，即

$$\begin{vmatrix} kl & 2kl - P \\ P & kl - P \end{vmatrix} = 0$$

展开行列式，得稳定方程：

$$P^2 - 3P \cdot kl + (kl)^2 = 0$$

求解方程，得到两个根：

$$P = \left(\frac{3 \pm \sqrt{5}}{2}\right) kl$$

取最小值，得临界荷载

$$P_{\mathrm{cr}} = \left(\frac{3 - \sqrt{5}}{2}\right) kl$$

将 $P_{\mathrm{cr}} = \left(\dfrac{3 - \sqrt{5}}{2}\right) kl$ 代回式（b），得

$$\frac{y_C}{y_B} = \frac{1 - \sqrt{5}}{2}$$

上式表示当荷载达到临界荷载值时，新的平衡状态是 $C$ 点的位移与 $B$ 点的位移之比为 $(1 - \sqrt{5})$：2。

【例 12 - 2】　求图 12 - 8（a）所示等截面悬臂杆的临界荷载。

【解】　悬臂杆的新平衡状态如图 12 - 8（b）所示，以 $A$ 点为坐标原点，杆轴线方向为 $x$ 轴，挠曲方向为 $y$ 轴，建立直角坐标系。

任取 $x$ 截面，其弯矩

$$M = -P(\Delta - y) \qquad\qquad (\text{a})$$

弯矩与曲率的关系为

$$M = -EI y'' \qquad\qquad (\text{b})$$

将式（a）与式（b）联立，得方程：

$$y'' + \frac{P}{EI} y = \frac{P}{EI}\Delta$$

设 $\alpha^2 = \dfrac{P}{EI}$，则有

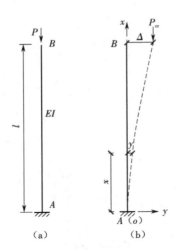

图 12 - 8　例 12 - 2 图

$$y'' + \alpha^2 y = \alpha^2 \Delta$$

上式是常系数二阶非线性微分方程,通解为

$$y = A\cos \alpha x + B\sin \alpha x + \Delta$$

式中　　$A, B, \Delta$——待定系数,由边界条件决定。

边界条件为:$x = 0$ 处,$y|_{x=0} = 0$,$y'|_{x=0} = 0$;$x = l$ 处,$y|_{x=l} = \Delta$。

将上述边界条件代入通解表达式,得

$$\begin{cases} A + \Delta = 0 \\ B\alpha = 0 \\ A\cos \alpha l + B\sin \alpha l + \Delta = \Delta \end{cases}$$

根据静力准则可知,$A$、$B$ 及 $\Delta$ 一定不全为零,即方程组一定有非零解,因此其系数行列式一定为零,即

$$\begin{vmatrix} 1 & 0 & 1 \\ 0 & 1 & 0 \\ \cos \alpha l & \sin \alpha l & 0 \end{vmatrix} = 0$$

展开上述行列式,得

$$\cos \alpha l = 0$$

$$\alpha_{\min} = \frac{\pi}{2l}$$

代回原设,解得

$$P_{cr} = \frac{\pi^2 EI}{(2l)^2}$$

上式表明悬臂杆的稳定问题计算长度为 $2l$。

【例 12 - 3】　求图 12 - 9(a)所示变截面悬臂杆的临界荷载。

【解】　悬臂杆的新平衡状态如图 12 - 9(b)所示,以 $A$ 点为坐标原点,杆轴线方向为 $x$ 轴,挠曲方向为 $y$ 轴,建立直角坐标系。

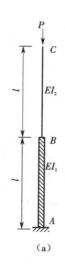
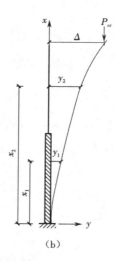

$$\text{图 12－9 例 12－3 图}$$

在 $AB$ 段任取 $x_1$ 截面,其弯矩

$$M = -P(\Delta - y_1) \qquad\qquad (\text{a})$$

弯矩与曲率的关系为

$$M = -EI_1 y''_1 \qquad\qquad (\text{b})$$

将式(a)与式(b)联立,得方程:

$$y''_1 + \frac{P}{EI_1} y_1 = \frac{P}{EI_1}\Delta$$

设 $\alpha_1^2 = \dfrac{P}{EI_1}$,则有

$$y''_1 + \alpha_1^2 y_1 = \alpha_1^2 \Delta$$

上式是常系数二阶非线性微分方程,通解为

$$y_1 = A_1 \cos \alpha_1 x + B_1 \sin \alpha_1 x + \Delta$$

在 $BC$ 段任取 $x_2$ 截面,其弯矩

$$M = -P(\Delta - y_2) \qquad\qquad (\text{c})$$

弯矩与曲率的关系为

$$M = -EI_2 y''_2 \qquad\qquad (\text{d})$$

将式(c)与式(d)联立,得方程:

$$y''_2 + \frac{P}{EI_2} y_2 = \frac{P}{EI_2}\Delta$$

设 $\alpha_2^2 = \dfrac{P}{EI_2}$,则有

$$y''_2 + \alpha_2^2 y_2 = \alpha_2^2 \Delta$$

上式是常系数二阶非线性微分方程,通解为

$$y_2 = A_2 \cos \alpha_2 x + B_2 \sin \alpha_2 x + \Delta$$

可以看出,$A_1$、$B_1$、$A_2$、$B_2$ 及 $\Delta$ 为待定系数,由边界条件决定。

边界条件为:$x = 0$ 处,$y_1|_{x=0} = 0$,$y_1'|_{x=0} = 0$;$x = 2l$ 处,$y_2|_{x=2l} = \Delta$。

连续条件为:$x = l$ 处,$y_1|_{x=l} = y_2|_{x=l}$,$y_1'|_{x=l} = y_2'|_{x=l}$。

将上述边界条件及连续条件代入 $AB$ 段及 $BC$ 段的挠曲线方程,得

$$\begin{cases} A_1 + \Delta = 0 \\ B_1 = 0 \\ A_1 \cos \alpha_1 l + B_1 \sin \alpha_1 l = A_2 \cos \alpha_2 l + B_2 \sin \alpha_2 l \\ -A_1 \alpha_1 \sin \alpha_1 l + B_1 \alpha_1 \cos \alpha_1 l = -A_2 \alpha_2 \sin \alpha_2 l + B_2 \alpha_2 \cos \alpha_2 l \\ A_2 \cos 2\alpha_2 l + B_2 \sin 2\alpha_2 l + \Delta = \Delta \end{cases}$$

根据静力准则可知,$A_1$、$A_2$、$B_2$ 及 $\Delta$ 一定不全为零,即方程组一定有非零解,因此其系数行列式一定为零,即

$$\begin{vmatrix} 1 & 0 & 0 & 1 \\ \cos \alpha_1 l & -\cos \alpha_2 l & -\sin \alpha_2 l & 0 \\ -\alpha_1 \sin \alpha_1 l & \alpha_2 \sin \alpha_2 l & -\alpha_2 \cos \alpha_2 l & 0 \\ 0 & \cos 2\alpha_2 l & \sin 2\alpha_2 l & 0 \end{vmatrix} = 0$$

展开上述行列式,得稳定方程:

$$\tan \alpha_1 l \cdot \tan \alpha_2 l = \frac{\alpha_2}{\alpha_1}$$

【例 12 – 4】 求图 12 – 10 所示杆的临界荷载。

【解】 悬臂杆的新平衡状态如图 12 – 9(b)所示,以 $A$ 点为坐标原点,杆轴线方向为 $x$ 轴,挠曲方向为 $y$ 轴,建立直角坐标系。

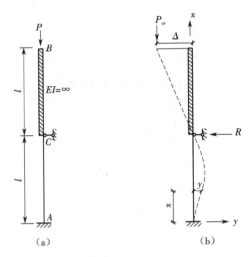

图 12 – 10　例 12 – 4 图

任取 $x$ 截面,其弯矩

$$M = P(\Delta + y) + R(l - x) \tag{a}$$

弯矩与曲率的关系为

$$M = -EIy'' \tag{b}$$

将式(a)与式(b)联立,得方程:

$$y'' + \frac{P}{EI}y = -\frac{P}{EI}\Delta - \frac{R}{EI}(l-x)$$

设 $\alpha^2 = \frac{P}{EI}$,则有

$$y'' + \alpha^2 y = -\alpha^2 \Delta - \frac{\alpha^2 R}{P}(l-x)$$

上式是常系数二阶非线性微分方程,通解为

$$y = A\cos \alpha x + B\sin \alpha x - \Delta - \frac{R}{P}(l-x)$$

式中　$A,B,\Delta,\dfrac{R}{P}$——待定系数,由边界条件决定。

边界条件为:$x=0$ 处,$y|_{x=0}=0$,$y'|_{x=0}=0$;$x=l$ 处,$y|_{x=l}=0$,$y'|_{x=l}=-\dfrac{\Delta}{l}$。

将上述边界条件代入挠度表达式,得

$$\begin{cases} A - \Delta - \dfrac{R}{P}l = 0 \\ B\alpha + \dfrac{R}{P} = 0 \\ A\cos \alpha l + B\sin \alpha l - \Delta = 0 \\ -A\alpha\sin 2\alpha l + B\alpha\cos 2\alpha l + \dfrac{R}{P} = -\dfrac{\Delta}{l} \end{cases}$$

根据静力准则可知,$A$、$B$、$\Delta$ 及 $\dfrac{R}{P}$ 一定不全为零,即方程组一定有非零解,因此其系数行列式一定为零,即

$$\begin{vmatrix} 1 & 0 & -1 & -l \\ 0 & \alpha & 0 & 1 \\ \cos \alpha l & \sin \alpha l & -1 & 0 \\ -\alpha\sin \alpha l & \alpha\cos \alpha l & 1 & l \end{vmatrix} = 0$$

展开上述行列式,得稳定方程:

$$-2\alpha l + \sin \alpha l(1 + \alpha^2 l^2) + \alpha l\cos \alpha l = 0$$

## 12.3　初参数法

初参数法是求解杆件临界荷载的另一种方法。其解题的思路是建立一个更高阶的微分方程,并且将杆件任一截面的挠度、转角、弯矩及剪力均用初参数表示,然后根据杆件处于临界状态的随遇性,求出杆件的临界荷载。

如图 12 - 11(a)所示,杆件 $AB$ 受到轴向压力 $P$ 的作用,当荷载达到临界荷载时,杆件处于随遇状态,在 $x=0$ 端的挠度、转角、弯矩及剪力分别是 $y_0$,$y'_0$,$M_0$ 及 $Q_0$,将此四个数值设为初参数;在 $x=l$ 端的挠度、转角、弯矩及剪力分别是 $y_l$,$y'_l$,$M_l$ 及 $Q_l$。不失一般性,设杆两

端的水平力均为 $H$,在变形后的状态上建立平衡方程。

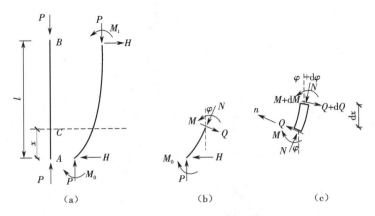

**图 12 – 11　压杆失稳时的受力状态**

如图 12 – 11(b)所示,距离 $A$ 端 $x$ 处任取截面 $C$,设此截面处的转角为 $\varphi$,轴力为 $N$,剪力为 $Q$,弯矩为 $M$。取 $AC$ 段为隔离体,根据力的平衡条件得

$$N = P\cos \varphi - H\sin \varphi \qquad (12 - 11)$$

在稳定问题中,与 $P$ 相比,$H$ 是次要的,且 $\varphi$ 是一微小量,有 $\cos \varphi \approx 1$,$\sin \varphi \approx \varphi$。因此式(12 – 11)可近似写为

$$N = P \qquad (12 - 12)$$

即杆件任一截面的轴力均为 $P$。

如图 12 – 11(c)所示,在 $C$ 截面处取一小微段 $dx$,两端的内力分别为 $N,Q,M$ 及 $N,Q + dQ,M + dM$,两端的转角分别为 $\varphi,\varphi + d\varphi$。设 $x$ 截面处法线方向为 $n$,由小微段的法向合力为零,得

$$\sum n = 0$$
$$(Q + dQ)\cos d\varphi - Q - N\sin d\varphi = 0$$

因为 $N = P$,$\cos d\varphi = 1$,$\sin d\varphi = d\varphi$,所以上式整理为

$$dQ = Pd\varphi \qquad (12 - 13)$$

由小微段合力矩为零,得

$$(M + dM) - M - Qdx = 0$$

即

$$dM = Qdx \qquad (12 - 14)$$

在小变形情况下,$\varphi = \dfrac{dy}{dx}$,$M = -EI\dfrac{d^2 y}{dx^2}$,整理式(12 – 13)及式(12 – 14),得

$$\frac{d^2}{dx^2}\left(EI\frac{d^2 y}{dx^2}\right) + P\frac{d^2 y}{dx^2} = 0$$

设 $\alpha^2 = \dfrac{P}{EI}$,对于等截面直杆,$EI$ 为常数。上式整理得

$$y^{(4)} + \alpha^2 y'' = 0 \qquad (12 - 15)$$

式(12 – 15)对于任意的边界条件均成立,因此是对于等截面直杆普遍适用的微分方

程。将此方程与上一节用静力法建立的微分方程比较:用静力法建立的微分方程是二阶的,而此方程是四阶的;用静力法建立的微分方程与两端的边界条件有关,而此方程与边界条件无关。

式(12-15)是常系数四阶微分方程,其通解为

$$y = c_1 \cos \alpha x + c_2 \sin \alpha x + c_3 x + c_4 \tag{12-16}$$

式中的待定系数由 $x=0$ 端的初参数决定。

首先推导任一截面的转角、弯矩及剪力,得

$$\left.\begin{aligned} y' &= -\alpha c_1 \sin \alpha x + c_2 \alpha \cos \alpha x + c_3 \\ M &= -EIy'' = EI(\alpha^2 c_1 \cos \alpha x + c_2 \alpha^2 \sin \alpha x) \\ Q &= -EIy''' = EI(-\alpha^3 c_1 \sin \alpha x + c_2 \alpha^3 \cos \alpha x) \end{aligned}\right\} \tag{12-17}$$

在式(12-16)及式(12-17)中代入 $x=0$ 端的挠度 $y_0$、转角 $y_0'$、弯矩 $M_0$ 及剪力 $Q_0$,得到四个关于 $c_1,c_2,c_3$ 及 $c_4$ 的方程组,求解方程组,得到用 $y_0,y_0',M_0$ 及 $Q_0$ 表示的 $c_1,c_2,c_3$ 及 $c_4$:

$$c_1 = \frac{M_0}{EI\alpha^2} \quad c_2 = \frac{Q_0}{EI\alpha^3} \quad c_3 = y_0' - \frac{Q_0}{EI\alpha^2} \quad c_4 = y_0 - \frac{M_0}{EI\alpha^2} \tag{12-18}$$

将式(12-18)代回式(12-16)及式(12-17),得

$$\left.\begin{aligned} y &= y_0 + y_0' x - \frac{M_0}{EI\alpha^2}(1-\cos \alpha x) - \frac{Q_0}{EI\alpha^3}(\alpha x - \sin \alpha x) \\ y' &= y_0' - \frac{M_0}{EI\alpha}\sin \alpha x - \frac{Q_0}{EI\alpha^2}(1-\cos \alpha x) \\ M &= M_0 \cos \alpha x + \frac{Q_0}{\alpha}\sin \alpha x \\ Q &= Q_0 \cos \alpha x - M_0 \alpha \sin \alpha x \end{aligned}\right\} \tag{12-19}$$

式(12-19)称为初参数方程。它适用于等截面直杆,且适用于任意的边界条件。一般情况下,会有两个初参数是确定的,另外两个初参数是未知的。如固定支座,$y_0=0$,$y_0'=0$,$M_0$ 和 $Q_0$ 是未知的。由杆件另一端的边界条件可建立关于未知初参数的齐次方程组。因为方程组有非零解的条件是系数行列式为零,展开系数行列式,就可得到稳定方程,由此可求得临界荷载。

【例 12-5】　用初参数法求解图 12-6(a)所示杆件的临界荷载。

【解】　$x=0$ 端为零的初参数为 $y_0=0$,$y_0'=0$,未知的初参数为 $M_0$,$Q_0$。

$x=l$ 端的边界条件为:$y_l=0$,$M_l=0$。

将 $x=l$ 端的边界条件代入式(12-19),得

$$\begin{cases} M_0 \alpha(1-\cos \alpha l) + Q_0(\alpha l - \sin \alpha l) = 0 \\ M_0 \alpha \cos \alpha l + Q_0 \sin \alpha l = 0 \end{cases}$$

上式中 $M_0,Q_0$ 应不全为零,所以系数行列式值一定为零,即

$$\begin{vmatrix} \alpha(1-\cos \alpha l) & (\alpha l - \sin \alpha l) \\ \alpha \cos \alpha l & \sin \alpha l \end{vmatrix} = 0$$

展开行列式,得稳定方程:

$$\tan \alpha l = \alpha l$$

用初参数法得到的稳定方程与静力法相同。

**【例 12 - 6】** 求图 12 - 12(a)所示杆件 $AB$ 的临界荷载。

**【解】** $x = 0$ 端为零的初参数为 $y_0 = 0, y_0' = 0$，未知的初参数为 $M_0, Q_0$。

如图 12 - 12(b)所示，$x = l$ 端的边界条件为：$M_l = 0, Q_l = Py_l' - ky_l$。

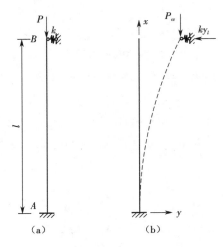

**图 12 - 12　例 12 - 6 图**

将 $x = l$ 端的边界条件代入式(12 - 19)，得

$$\begin{cases} M_0\alpha\cos \alpha l + Q_0\sin \alpha l = 0 \\ M_0\alpha(1 - \cos \alpha l) + Q_0\left(\alpha l - \sin \alpha l - \dfrac{EI\alpha^3}{k}\right) = 0 \end{cases}$$

上式中 $M_0, Q_0$ 应不全为零，所以系数行列式值一定为零，即

$$\begin{vmatrix} \alpha\cos \alpha l & \sin \alpha l \\ \alpha(1 - \cos \alpha l) & \left(\alpha l - \sin \alpha l - \dfrac{EI\alpha^3}{k}\right) \end{vmatrix} = 0$$

展开行列式，得稳定方程：

$$\tan \alpha l = \alpha l - \frac{EI\alpha^3}{k}$$

下面分两种情况对稳定方程的解进行讨论。

(1) $k = 0$

稳定方程的解为

$$(\alpha l)_{\min} = \frac{\pi}{2}$$

临界荷载

$$P_{cr} = \frac{\pi^2 EI}{(2l)^2}$$

此时计算长度为 $2l$，相当于悬臂杆的临界荷载。

（2）$k = \infty$

稳定方程为

$$\tan \alpha l = \alpha l$$

上述稳定方程与例 12 - 5 的相同,此时杆件两端的边界是一边固定、一边铰支。

临界荷载

$$P_{cr} = \frac{\pi^2 EI}{(0.7l)^2}$$

所以当 $0 < k < \infty$ 时,杆件的计算长度为$(0.7 \sim 2)l$。

**【例 12 - 7】**　求图 12 - 13(a)所示杆件 $AB$ 的临界荷载。

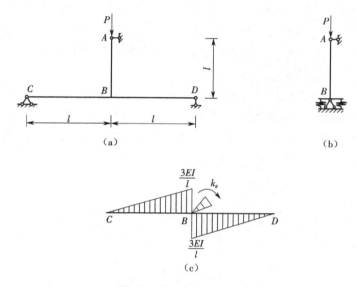

**图 12 - 13　例 12 - 7 图**

**【解】**　先处理 $AB$ 杆 $B$ 端的边界条件。$B$ 端连着 $BC$ 杆及 $BD$ 杆。当 $B$ 截面转动时,会受到 $BC$ 杆及 $BD$ 杆的约束,因此可将 $B$ 支座处理为弹性抗转支座,转动刚度系数为 $k_\theta$,如图 12 - 13(b)所示。如图 12 - 13(c)所示,令 $B$ 截面旋转单位角度,求出需施加在刚臂上的力偶,此力偶就是 $k_\theta$,且

$$k_\theta = \frac{3EI}{l} + \frac{3EI}{l} = \frac{6EI}{l}$$

以 $A$ 端为坐标原点,$B$ 端为 $x = l$ 端。

$x = 0$ 端的初参数为 $y_0 = 0$,$M_0 = 0$,未知的初参数为 $y'_0$,$Q_0$。

$x = l$ 端的边界条件为:$y_l = 0$,$M_l = k_\theta y'_l$。

将 $x = l$ 端的边界条件代入式(12 - 19),得

$$\begin{cases} EI\alpha^3 l y'_0 - (\alpha l - \sin \alpha l) Q_0 = 0 \\ EI\alpha^2 k_\theta y'_0 - [k_\theta(1 - \cos \alpha l) + \alpha EI \sin \alpha l] Q_0 = 0 \end{cases}$$

上式中 $y'_0$,$Q_0$ 应不全为零,所以系数行列式值一定为零,即

$$\begin{vmatrix} EI\alpha^3 l & -(\alpha l - \sin \alpha l) \\ EI\alpha^2 k_\theta & -[k_\theta(1 - \cos \alpha l) + \alpha EI\sin \alpha l] \end{vmatrix} = 0$$

展开行列式,得稳定方程:

$$\tan \alpha l = \frac{\alpha l}{1 + \frac{(\alpha l)^2}{6}}$$

## 12.4　能量原理与能量法

前两节讲述的是用静力法和初参数法求解杆件临界荷载。用这两种方法求得的是临界荷载的精确解,它们只适用于比较简单的情况。当杆件截面形式、荷载分布及作用方式较为复杂时,若要求解其临界荷载就需采用能量法。一般情况下,用能量法求得的临界荷载是近似解或称数值解,所依据的原理是能量原理。

如图 12-14 所示,杆件 $AB$ 是轴心受压的杆件,当荷载 $P = P_{cr}$ 时,出现了新的平衡状态,设曲线ⓐ是真实的变形曲线,其相应的位移场满足位移边界条件、变形协调条件及平衡条件;曲线ⓑ是曲线ⓐ附近的一条曲线,它不是真实的变形曲线,但它相应的位移场也是允许位移场,即满足位移边界条件及变形协调条件。

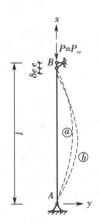

**图 12-14　临界状态的变形曲线**

设曲线ⓐ上任一点 $x$ 处的弯矩为 $M$,相应截面的曲率为 $\kappa$,则曲线ⓑ上 $x$ 截面处的弯矩为 $M + \delta M$,相应截面的曲率为 $\kappa + \delta\kappa$。则曲线ⓑ对应的变形能与曲线ⓐ对应的变形能的差值(变形能的变分)

$$\delta U = \frac{1}{2}\int_0^l (M + \delta M)\cdot(\kappa + \delta\kappa)\mathrm{d}x - \frac{1}{2}\int_0^l M\cdot\kappa\mathrm{d}x = \frac{1}{2}\int_0^l (M\cdot\delta\kappa + \delta M\cdot\kappa)\mathrm{d}x$$

将 $\kappa = \dfrac{M}{EI}, \delta M = EI\delta\kappa$ 代入上式,得

$$\delta U = \int_0^l (M\cdot\delta\kappa)\mathrm{d}x \tag{12-20}$$

设对于曲线ⓐ,$B$ 点的位移为 $e$,而对于曲线ⓑ,$B$ 点的位移为 $e + \delta e$。则曲线ⓑ对应的

外力功与曲线ⓐ对应的外力功的差值(外力功的变分)

$$\delta T = P \cdot (e + \delta e) - P \cdot e = P \cdot \delta e \tag{12-21}$$

现应用虚位移原理讨论 $\delta U$ 与 $\delta T$ 的关系。设真实的曲线ⓐ所对应的状态是力状态。虚位移是从曲线ⓐ至曲线ⓑ的位移,将它设为位移状态。根据虚功原理,有

$$P \cdot \delta e = \int_0^l (M \cdot \delta \kappa) \, dx$$

即

$$\delta U = \delta T \quad 或 \quad \delta(U - T) = 0 \tag{12-22}$$

对于保守力系,定义外力功的负值为外力势能,定义体系的总势能为变形能加外力势能,即

$$\varPi = U - T$$

由式(12 – 22)可知

$$\delta \varPi = \delta(U - T) = 0 \tag{12-23}$$

式(12 – 23)表示真实的曲线使体系的总势能取驻值。

能量准则:当荷载达到临界荷载时,杆件出现新的平衡状态,真实的变形曲线使得体系的总势能取驻值;或者说使体系的总势能取驻值的曲线是真实的变形曲线。

用能量法求临界荷载时首先要设定变形曲线。所设的变形曲线必须是允许的曲线,即相应的位移场满足位移边界条件及变形协调条件。取变形曲线为以下的函数形式:

$$y(x) = a_1 \varphi_1(x) + a_2 \varphi_2(x) + \cdots + a_n \varphi_n(x) = \sum_{i=1}^{n} a_i \varphi_i(x) \tag{12-24}$$

式中　$\varphi_i(x)$——已知的位移函数;

$a_i$——待定系数。

位移函数一般设为三角函数或是多项式的形式。与所设的变形曲线相应的体系总势能

$$\varPi = U - T = \frac{1}{2} \int_0^l EI(y'')^2 \, dx - \frac{P}{2} \int_0^l (y')^2 \, dx$$

$$= \frac{1}{2} \int_0^l EI \left( \sum_{i=1}^{n} a_i \varphi_i''(x) \right)^2 dx - \frac{P}{2} \int_0^l \left( \sum_{i=1}^{n} a_i \varphi_i'(x) \right)^2 dx$$

根据能量原理,真实的曲线使体系的总势能取驻值,则

$$\frac{\partial \varPi}{\partial a_i} = 0 \quad (i = 1, 2, \cdots, n)$$

所以有

$$\sum_{j=1}^{n} a_j \int_0^l EI \varphi_i''(x) \varphi_j''(x) \, dx - \sum_{j=1}^{n} P a_j \int_0^l \varphi_i'(x) \varphi_j'(x) \, dx = 0$$

$$(i = 1, 2, \cdots, n; j = 1, 2, \cdots, n)$$

记

$$A_{ij} = \int_0^l EI \varphi_i''(x) \varphi_j''(x) \, dx \quad R_{ij} = \int_0^l \varphi_i'(x) \varphi_j'(x) \, dx$$

$$(i = 1, 2, \cdots, n; j = 1, 2, \cdots, n)$$

则有

$$\sum_{j=1}^{n} \left( A_{ij} - P R_{ij} \right) a_j = 0 \quad (i = 1, 2, \cdots, n) \tag{12-25}$$

可以看出,式(12-25)是关于 $a_i(i=1,2,\cdots,n)$ 的齐次线性方程组。若要使此方程组有非零解,其系数行列式值一定为零,即

$$\begin{vmatrix} A_{11} - P R_{11} & A_{12} - P R_{12} & \cdots & A_{1n} - P R_{1n} \\ A_{21} - P R_{21} & A_{22} - P R_{22} & \cdots & A_{2n} - P R_{2n} \\ \vdots & \vdots & & \vdots \\ A_{n1} - P R_{n1} & A_{n2} - P R_{n2} & \cdots & A_{nn} - P R_{nn} \end{vmatrix} = 0 \tag{12-26}$$

将上式展开就可得稳定方程,求解稳定方程,其最小根就是临界荷载。下面就 $n=1$ 及 $n=2$ 两种情况进行详细讨论。

1. $n = 1$

此时变形曲线对应的函数为

$$y(x) = a_1 \varphi_1(x)$$

可求得

$$A_{11} = \int_0^l EI \left( \varphi''_1(x) \right)^2 \mathrm{d}x \quad R_{11} = \int_0^l \left( \varphi'_1(x) \right)^2 \mathrm{d}x$$

此时,由式(12-26)可得临界荷载

$$P_{\mathrm{cr}} = \frac{A_{11}}{R_{11}} = \frac{\displaystyle\int_0^l EI \left( \varphi''_1(x) \right)^2 \mathrm{d}x}{\displaystyle\int_0^l \left( \varphi'_1(x) \right)^2 \mathrm{d}x} \tag{12-27}$$

【例 12-8】 用能量法求图 12-15 所示悬臂杆的临界荷载。

**图 12-15 例 12-8 图**

【解】 ①设位移曲线为三角函数的形式:

$$y = a_1 \varphi_1(x) = a_1 \left( 1 - \cos \frac{\pi x}{2l} \right)$$

此位移曲线显然满足位移边界条件及变形协调条件:

$$\varphi'_1(x) = \frac{\pi}{2l} a_1 \sin \frac{\pi x}{2l}$$

$$\varphi_1''(x) = \left(\frac{\pi}{2l}\right)^2 a_1 \cos\frac{\pi x}{2l}$$

则

$$P_{\mathrm{cr}} = \frac{A_{11}}{R_{11}} = \frac{\int_0^l EI(\varphi_1''(x))^2 \mathrm{d}x}{\int_0^l (\varphi_1'(x))^2 \mathrm{d}x} = \frac{\dfrac{EI\pi^4}{32l^3}}{\dfrac{\pi^2}{8l}} = \frac{\pi^2 EI}{4l^2}$$

求出的临界荷载值与精确解相同,说明所设的曲线就是实际的变形曲线。

②取横向荷载 $H$ 作用在柱顶时的挠曲线为近似曲线:

$$y = H\left(\frac{lx^2}{2} - \frac{x^3}{6}\right)$$

此位移曲线显然满足位移边界条件及变形协调条件。

$$\varphi_1'(x) = lx - \frac{x^2}{2}$$

$$\varphi_1''(x) = l - x$$

则

$$P_{\mathrm{cr}} = \frac{A_{11}}{R_{11}} = \frac{\int_0^l EI(\varphi_1''(x))^2 \mathrm{d}x}{\int_0^l (\varphi_1'(x))^2 \mathrm{d}x} = \frac{\dfrac{EIl^3}{3}}{\dfrac{2l^5}{15}} = \frac{5EI}{2l^2}$$

临界荷载的精确值为 $P_{\mathrm{cr}}^* = \dfrac{\pi^2 EI}{4l^2}$,求出的临界荷载值比精确解大 $1.4\%$。

③设挠曲线方程为

$$y = a_1 x^2$$

此位移曲线显然也满足位移边界条件及变形协调条件。

$$\varphi_1'(x) = 2x$$

$$\varphi_1''(x) = 2$$

$$P_{\mathrm{cr}} = \frac{A_{11}}{R_{11}} = \frac{\int_0^l EI(\varphi_1''(x))^2 \mathrm{d}x}{\int_0^l (\varphi_1'(x))^2 \mathrm{d}x} = \frac{3EI}{l^2}$$

临界荷载的精确值为 $P_{\mathrm{cr}}^* = \dfrac{\pi^2 EI}{4l^2}$,求出的临界荷载值比精确解大 $21.3\%$。

第二种方法与第三种方法的精度相差较多,是因为若选用第二种位移曲线,除了满足位移边界条件及位移协调条件外,还满足两端的弯矩边界条件;而若选用第三种位移曲线,只满足位移边界条件及位移协调条件,不满足自由端的弯矩边界条件。由此看来,弯矩边界条件也是比较重要的。若除满足位移边界条件及位移协调条件外,还满足两端的弯矩边界条件,则计算出来的临界荷载的精度比较高,否则精度就偏低。另外,用能量法计算出来的近似解总是比精确解要大,那是因为假设的位移曲线总是与实际的变形曲线有一定的偏差,因此要使杆件按假设的曲线变形,就相当于增加了体系的约束,也就增加了体系的刚度,因此所求的临界荷载就偏大。

**2. $n = 2$**

此时变形曲线对应的函数为

$$y(x) = a_1\varphi_1(x) + a_2\varphi_2(x)$$

可求得

$$A_{11} = \int_0^l EI\left(\varphi_1''(x)\right)^2 \mathrm{d}x \quad R_{11} = \int_0^l \left(\varphi_1'(x)\right)^2 \mathrm{d}x$$

$$A_{12} = A_{21} = \int_0^l EI\varphi_1''(x)\varphi_2''(x)\mathrm{d}x \quad R_{12} = R_{21} = \int_0^l \varphi_1'(x)\varphi_2'(x)\mathrm{d}x$$

$$A_{22} = \int_0^l EI\left(\varphi_2''(x)\right)^2 \mathrm{d}x \quad R_{22} = \int_0^l \left(\varphi_2'(x)\right)^2 \mathrm{d}x$$

则式(12－26)可化简为

$$\begin{vmatrix} A_{11} - PR_{11} & A_{12} - PR_{12} \\ A_{21} - PR_{21} & A_{22} - PR_{22} \end{vmatrix} = 0 \qquad (12-28)$$

**【例 12－9】**    用能量法求图 12－16 所示杆的临界荷载。

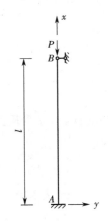

**图 12－16   例 12－9 图**

**【解】**    （1）所取的挠曲线只包含一个待定系数

$$y = a_1\varphi_1(x) = a_1 x^2(l - x)$$

此位移曲线显然满足杆两端的位移边界条件及变形协调条件,有

$$\varphi_1'(x) = 2lx - 3x^2$$

$$\varphi_1''(x) = 2l - 6x$$

$$P_{\mathrm{cr}} = \frac{A_{11}}{R_{11}} = \frac{\displaystyle\int_0^l EI\left(\varphi_1''(x)\right)^2 \mathrm{d}x}{\displaystyle\int_0^l \left(\varphi_1'(x)\right)^2 \mathrm{d}x} = \frac{4EIl^3}{0.133l^5} = \frac{30.08EI}{l^2}$$

临界荷载的精确值为 $P_{\mathrm{cr}}^* = \dfrac{20.19EI}{l^2}$,求出的临界荷载值比精确解大 49%。

（2）所取的挠曲线包含两个待定系数

$$y = a_1\varphi_1(x) + a_2\varphi_2(x) = a_1 x^2(l - x) + a_2 x^3(l - x)$$

此位移曲线显然满足杆两端的位移边界条件及变形协调条件,有

$$\varphi_1'(x) = 2lx - 3x^2$$

$$\varphi_1''(x) = 2l - 6x$$

$$\varphi_2'(x) = 3lx^2 - 4x^3$$

$$\varphi_2''(x) = 6lx - 12x^2$$

$$A_{11} = \int_0^l EI(\varphi_1''(x))^2 dx = 4EIl^3 \quad R_{11} = \int_0^l (\varphi_1'(x))^2 dx = 0.133l^5$$

$$A_{12} = A_{21} = \int_0^l EI\varphi_1''(x)\varphi_2''(x) dx = 4EIl^4$$

$$R_{12} = R_{21} = \int_0^l \varphi_1'(x)\varphi_2'(x) dx = 0.1l^6$$

$$A_{22} = \int_0^l EI(\varphi_2''(x))^2 dx = 4.8EIl^5 \quad R_{22} = \int_0^l (\varphi_2'(x))^2 dx = 0.857l^7$$

将求得的 $A_{ij}, R_{ij}$ 代入式(12 - 28)，得

$$\begin{vmatrix} 4EIl^3 - 0.133Pl^5 & 4EIl^4 - 0.1Pl^6 \\ 4EIl^4 - 0.1Pl^6 & 4.8EIl^5 - 0.857Pl^7 \end{vmatrix} = 0$$

展开整理后得

$$P^2 - 128\frac{EI}{l^2}P + 2\,240\left(\frac{EI}{l^2}\right)^2 = 0$$

求解方程，得其最小根为

$$P_{cr} = \frac{20.93EI}{l^2}$$

临界荷载的精确值为 $P_{cr}^* = \dfrac{20.19EI}{l^2}$，求出的临界荷载值比精确解大 3.66%。

从这个算例可看出，增加已知位移函数的个数，可有效提高临界荷载的计算精度。

# 习题

12.1 - 12.2　用静力法及能量法求图示受压杆件的临界荷载。

12.3　用静力法求图示杆件的临界荷载。

12.4 - 12.5　用初参数法求图示受压杆件的临界荷载。

12.6 - 12.7　用能量法求图示压杆的临界荷载。

12.8　用静力法求图示杆件的临界荷载。

12.9 - 12.10　选用合适的方法求图示弹性压杆的临界荷载。

12.11　用能量法求图示压杆的临界荷载。

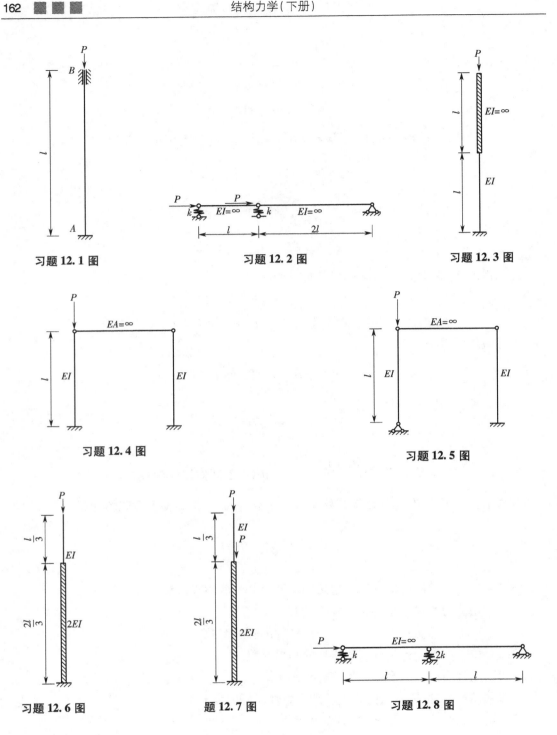

习题 12.1 图

习题 12.2 图

习题 12.3 图

习题 12.4 图

习题 12.5 图

习题 12.6 图

题 12.7 图

习题 12.8 图

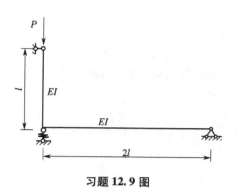

习题 12.9 图

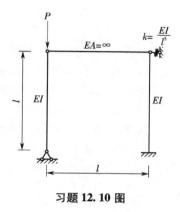

习题 12.10 图

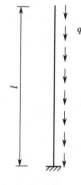

习题 12.11 图

# 部分习题答案

12.5　$P_{cr} = \dfrac{3EI}{l^2}$

# 参 考 文 献

[1]刘昭培,张韫美.结构力学(上册)[M].4版.天津:天津大学出版社,2006.

[2]朱伯钦,周竞欧,许哲明.结构力学(上册)[M].2版.上海:同济大学出版社,2004.

[3]周竞欧,朱伯钦,许哲明.结构力学(下册)[M].2版.上海:同济大学出版社,2004.

[4]龙驭球,包世华.结构力学(上册)[M].北京:高等教育出版社,1994.

[5]雷钟和,江爱川,郝静明.结构力学解疑[M].2版.北京:清华大学出版社,2008.

[6]包世华.《结构力学》学习指导及解题大全[M].武汉:武汉理工大学出版社,2003.